달달 풀고 곰곰 생각하는

달곰한 계산력

초등 4-1

참쌤스쿨

디지털 교육 컨텐츠를 전문적으로 제작하고 공유하여
교실과 학교, 교육의 변화를 꿈꾸는
현직 교사로 이루어진 전국 단위 전문적 학습 공동체입니다.

지 은 이　NE능률 수학교육연구소
참쌤스쿨 이현지
개발책임　차은실
개　　발　한아름, 김다은, 김건희
디 자 인　오영숙, 한새미, 황유진
일러스트　이상화
영　　업　한기영, 이경구, 박인규, 정철교, 김남준, 이우현
마 케 팅　박혜선, 남경진, 이지원, 김여진
펴 낸 이　주민홍
펴 낸 곳　서울시 마포구 월드컵북로 396(상암동) 누리꿈스퀘어 비즈니스타워 10층
㈜NE능률 (우편번호 03925)
펴 낸 날　2023년 11월 1일 초판 제1쇄
2024년 1월 5일 초판 제2쇄
전　　화　02 2014 7114
팩　　스　02 3142 0357
홈페이지　www.neungyule.com
등록번호　제1-68호

고객센터
교재 내용 문의: contact.nebooks.co.kr (별도의 가입 절차 없이 작성 가능)
제품 구매, 교환, 불량, 반품 문의: 02 2014 7114
☎ 전화 문의는 본사 업무 시간 중에만 가능합니다.

수학 공부를 하다 보면 이해가 안 돼서 어렵고, 또 재미도 없고…….

그래서 수학 공부를 하기 싫은 적이 있지 않나요?

수학이 어려운 가장 큰 이유는 지금 배우고 있는 수학 개념들이 대부분 글로 된 딱딱한 설명과 식으로 되어 있기 때문이죠.

그래서 설명을 읽어도 모르겠고, 식을 봐도 이해가 되지 않는 것이랍니다.

하지만! 어려운 수학 개념을 너무나 쉽게 이해할 수 있는 방법!

바로 비주얼 싱킹을 활용해서 수학 개념을 이해하고 문제를 풀어 보는 것이지요.

여러분들이 이해하기 쉽게 수학 개념을 풀어놓은 달곰한 계산력으로 수학 공부를 재미있게 해 보세요!

달곰한 계산력 한눈에 보기

1

학교 선생님이 아이들의 눈높이에 맞추어
설명한 연산 개념을 담았어요.

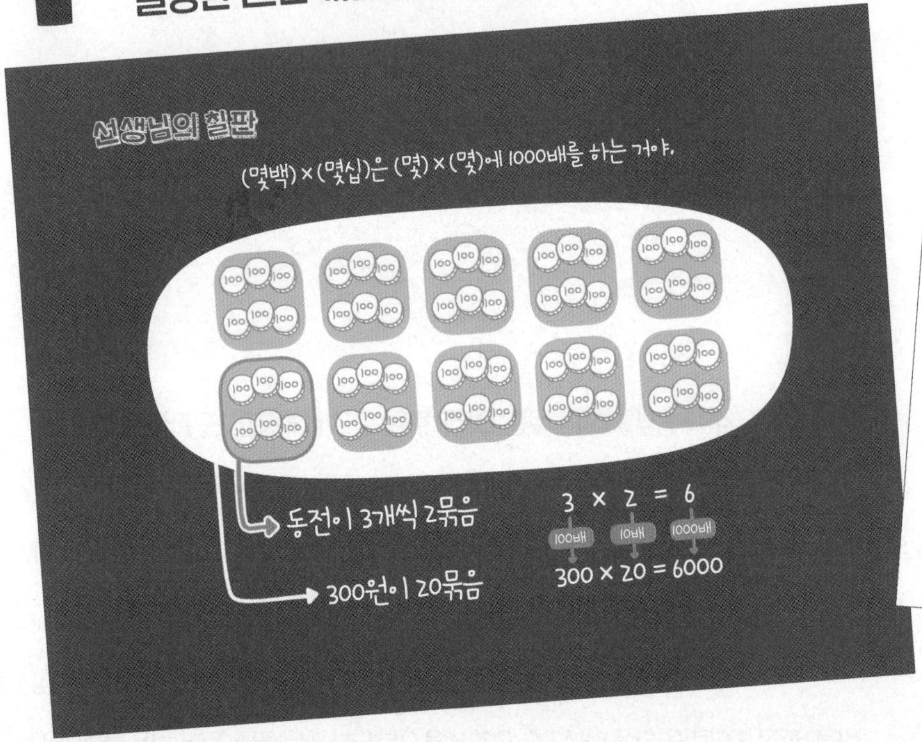

2

개념을 다시 한번 짚어주는 지문을 읽고
충분히 연습해요.

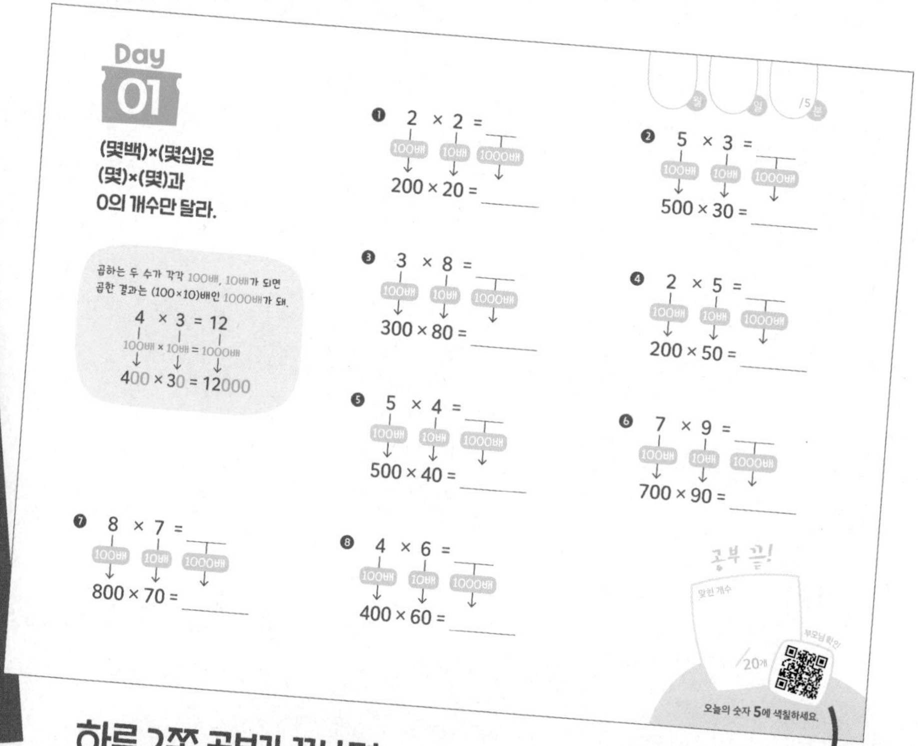

하루 2쪽 공부가 끝나면

QR로 빠르게 채점하고,

로직을 완성해요.

3

단계별 학습이 끝나면
재미있는 놀이 연산으로 연산 실력을 UP!

1~3단계, 4~9단계, 1~9단계 범위에 따라
연산 실력을 점검해 봐요.

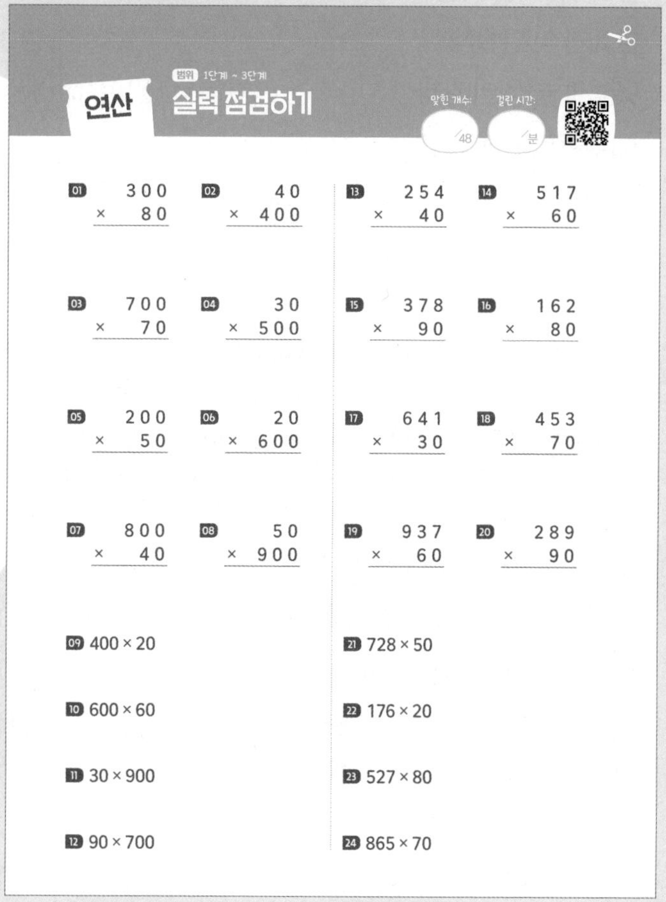

범위 1단계 ~ 3단계

연산 실력 점검하기

맞힌 개수: /48 걸린 시간: /분

01 300 × 80
02 40 × 400
03 700 × 70
04 30 × 500
05 200 × 50
06 20 × 600
07 800 × 40
08 50 × 900
09 400 × 20
10 600 × 60
11 30 × 900
12 90 × 700
13 254 × 40
14 517 × 60
15 378 × 90
16 162 × 80
17 641 × 30
18 453 × 70
19 937 × 60
20 289 × 90
21 728 × 50
22 176 × 20
23 527 × 80
24 865 × 70

권별 학습 내용

1 - 1	2 - 1	3 - 1
수를 모으고 가르기	받아올림이 한 번 있는 (두 자리 수)+(두 자리 수)	(몇십)×(몇)
합이 9까지인 덧셈	받아올림이 두 번 있는 (두 자리 수)+(두 자리 수)	올림이 없는 (두 자리 수)×(한 자리 수)
한 자리 수의 뺄셈	받아내림이 있는 (두 자리 수)−(두 자리 수)	십의 자리에서 올림이 있는 (두 자리 수)×(한 자리 수)
덧셈과 뺄셈의 관계	덧셈식, 뺄셈식에서 □의 값 구하기	일의 자리에서 올림이 있는 (두 자리 수)×(한 자리 수)
세 수의 덧셈과 뺄셈	같은 수를 여러 번 더하기	올림이 두 번 있는 (두 자리 수)×(한 자리 수)
(몇십)+(몇), (몇)+(몇십)	2단, 5단 곱셈구구	올림이 없는 (세 자리 수)×(한 자리 수)
(몇십몇)+(몇), (몇십몇)−(몇)	3단, 6단 곱셈구구	올림이 한 번 있는 (세 자리 수)×(한 자리 수)
(몇십)+(몇십), (몇십)−(몇십)	4단, 8단 곱셈구구	올림이 여러 번 있는 (세 자리 수)×(한 자리 수)
(몇십몇)+(몇십몇), (몇십몇)−(몇십몇)	7단, 9단 곱셈구구	나눗셈의 기초
		나눗셈의 몫 구하기

1 - 2	2 - 2	3 - 2
10을 모으고 가르기	곱셈구구 종합	(몇십)×(몇십), (몇십몇)×(몇십)
10이 되는 더하기, 10에서 빼기	받아올림이 없는 (세 자리 수)+(세 자리 수)	올림이 한 번 있는 (몇십몇)×(몇십몇)
두 수의 합이 10인 세 수의 덧셈	받아올림이 한 번 있는 (세 자리 수)+(세 자리 수)	올림이 여러 번 있는 (몇십몇)×(몇십몇)
받아올림이 있는 (몇)+(몇)	받아올림이 두 번 있는 (세 자리 수)+(세 자리 수)	(몇십)÷(몇), (몇백몇십)÷(몇)
두 수의 차가 10인 세 수의 뺄셈	받아올림이 세 번 있는 (세 자리 수)+(세 자리 수)	내림이 없고 나머지가 없는 (두 자리 수)÷(한 자리 수)
받아내림이 있는 (십몇)−(몇)	받아내림이 없는 (세 자리 수)−(세 자리 수)	내림이 있고 나머지가 없는 (두 자리 수)÷(한 자리 수)
덧셈과 뺄셈의 관계	받아내림이 한 번 있는 (세 자리 수)−(세 자리 수)	내림이 없고 나머지가 있는 (두 자리 수)÷(한 자리 수)
받아올림이 있는 (몇십몇)+(몇)	받아내림이 두 번 있는 (세 자리 수)−(세 자리 수)	내림이 있고 나머지가 있는 (두 자리 수)÷(한 자리 수)
받아내림이 있는 (몇십몇)−(몇)		백의 자리부터 몫을 구하는 (세 자리 수)÷(한 자리 수)
세 수의 덧셈과 뺄셈		백의 자리 수가 나누는 수보다 작은 (세 자리 수)÷(한 자리 수)

4 - 1	5 - 1	6 - 1
(몇백)×(몇십), (몇십)×(몇백)	덧셈과 뺄셈, 곱셈과 나눗셈이 섞여 있는 식	(자연수)÷(자연수), (진분수)÷(자연수)
(세 자리 수)×(몇십)	괄호가 없는 자연수의 혼합 계산	곱셈으로 계산하는 (진분수)÷(자연수)
(세 자리 수)×(두 자리 수)	괄호가 있는 자연수의 혼합 계산	(가분수)÷(자연수), (대분수)÷(자연수)
(몇백몇십)÷(몇십)	약수와 공약수, 배수와 공배수	(진분수)÷(진분수)
(두 자리 수)÷(몇십)	공약수와 최대공약수	(자연수)÷(진분수)
(세 자리 수)÷(몇십)	공배수와 최소공배수	(가분수)÷(진분수), (대분수)÷(진분수)
(두 자리 수)÷(두 자리 수)	약분과 통분	각 자리에서 나누어떨어지지 않는 (소수)÷(자연수)
몫이 한 자리 수인 (세 자리 수)÷(두 자리 수)	분모가 다른 진분수의 덧셈	0을 내리거나 몫에 0이 포함된 (소수)÷(자연수)
몫이 두 자리 수인 (세 자리 수)÷(두 자리 수)	분모가 다른 대분수의 덧셈	몫이 소수인 (자연수)÷(자연수)
	분모가 다른 진분수의 뺄셈	비와 비율
	분모가 다른 대분수의 뺄셈	백분율

4 - 2	5 - 2	6 - 2
대분수를 가분수로, 가분수를 대분수로 나타내기	어림하기	자릿수가 같은 (소수)÷(소수)
진분수의 덧셈	(분수)×(자연수)	자릿수가 다른 (소수)÷(소수)
대분수의 덧셈	(자연수)×(분수)	(자연수)÷(소수)
진분수의 뺄셈	(진분수)×(진분수)	몫을 반올림하여 나타내기
받아내림이 없는 대분수의 뺄셈	(대분수)×(대분수)	나누어 주고 남는 양
(자연수)−(분수)	세 분수의 곱셈	자연수, 분수, 소수의 혼합 계산
받아내림이 있는 대분수의 뺄셈	소수와 자연수의 곱셈	간단한 자연수의 비로 나타내기
자릿수가 같은 소수의 덧셈	(소수)×(소수)	비례식
자릿수가 다른 소수의 덧셈	분수와 소수의 혼합 계산	비례배분
자릿수가 같은 소수의 뺄셈		
자릿수가 다른 소수의 뺄셈		

48일 완성, 연산 지도법

단계	공부 내용	이렇게 지도해요	공부 날	쪽수
1 단계	(몇백)×(몇십), (몇십)×(몇백)	곱하는 두 수에 0이 붙어 자릿수가 늘어난 만큼 곱한 결과도 수가 커지는 것을 이해할 수 있도록 지도해 주세요.	DAY 1	10쪽
			DAY 2	12쪽
			DAY 3	14쪽
2 단계	(세 자리 수)×(몇십)	(세 자리 수)×(몇)과 연결 지어, '몇십'을 곱하는 것을 학습합니다. 곱하는 수에 10배를 했을 때 곱한 결과도 10배가 됨을 이해할 수 있도록 지도해 주시고, 자릿수에 맞춰 답을 쓰는 것을 연습시켜 주세요.	DAY 4	20쪽
			DAY 5	22쪽
			DAY 6	24쪽
			DAY 7	26쪽
			DAY 8	28쪽
3 단계	(세 자리 수)×(두 자리 수)	두 자리 수를 곱하는 것은 (세 자리 수)×(몇)과 (세 자리 수)×(몇십)의 합임을 이해할 수 있도록 지도해 주세요. 또한 수가 커져도 곱하는 수를 자릿수 별로 곱한 다음, 값을 모두 더한다는 곱셈의 알고리즘을 숙지할 수 있도록 지도해 주세요.	DAY 9	34쪽
			DAY 10	36쪽
			DAY 11	38쪽
			DAY 12	40쪽
			DAY 13	42쪽
			DAY 14	44쪽
4 단계	(몇백몇십)÷(몇십)	(몇십몇)÷(몇)과 연결 지어 학습합니다. 나누는 수와 나누어지는 수 모두 10배를 해도 나눈 결과는 변하지 않음을 이해할 수 있도록 지도해 주세요.	DAY 15	50쪽
			DAY 16	52쪽
			DAY 17	54쪽
			DAY 18	56쪽
5 단계	(두 자리 수)÷(몇십)	나눗셈에서 (나누는 수)×(몫)의 값을 나누어지는 수와 비교해 몫을 구하고, 이 두 수를 빼 나머지를 구한다는 개념은 나누는 수가 커져도 변하지 않는다는 것을 이해할 수 있도록 지도해 주세요.	DAY 19	62쪽
			DAY 20	64쪽
			DAY 21	66쪽
			DAY 22	68쪽
			DAY 23	70쪽

단계	공부 내용	이렇게 지도해요	공부 날	쪽수
6 단계	(세 자리 수)÷(몇십)	나누어지는 수가 세 자리 수인 나눗셈을 학습합니다. 나누어지는 수를 '몇백몇십'으로 어림해 (몇백몇십)÷(몇십)처럼 계산하면 된다는 것을 이해할 수 있도록 지도해 주세요.	DAY 24	76쪽
			DAY 25	78쪽
			DAY 26	80쪽
			DAY 27	82쪽
			DAY 28	84쪽
			DAY 29	86쪽
7 단계	(두 자리 수)÷(두 자리 수)	(두 자리 수)÷(몇십)의 심화 개념입니다. 나누는 수가 '몇십'일 때보다 몫을 구하는 과정이 어려워진 만큼, 나누는 수를 '몇십'으로 어림해 몫을 예상해보고 필요에 따라 1만큼 키우고 줄여 적절한 몫을 구하는 과정을 충분히 연습시켜 주세요.	DAY 30	92쪽
			DAY 31	94쪽
			DAY 32	96쪽
			DAY 33	98쪽
			DAY 34	100쪽
			DAY 35	102쪽
8 단계	몫이 한 자리 수인 (세 자리 수)÷(두 자리 수)	나누는 수와 나누어지는 수에 따라 몫의 자릿수가 달라지는 (세 자리 수)÷(두 자리 수)를 두 단계에 걸쳐 학습해 봅니다. 이를 통해 적절한 몫을 어림하는 과정을 충분히 연습할 수 있도록 지도해 주세요. 또한 수가 커져도 (나누는 수)×(몫)이 나누어지는 수보다 작거나 같고, 이 두 수를 뺀 수인 나머지는 나누는 수보다 작아야 한다는 나눗셈의 핵심 개념을 숙지할 수 있도록 지도해 주세요.	DAY 36	108쪽
			DAY 37	110쪽
			DAY 38	112쪽
			DAY 39	114쪽
			DAY 40	116쪽
			DAY 41	118쪽
9 단계	몫이 두 자리 수인 (세 자리 수)÷(두 자리 수)		DAY 42	124쪽
			DAY 43	126쪽
			DAY 44	128쪽
			DAY 45	130쪽
			DAY 46	132쪽
			DAY 47	134쪽
			DAY 48	136쪽

01

(몇백)×(몇십), (몇십)×(몇백)

이번에는 무엇을 배울까?

백의 자리 수가 나누는 수보다 작은 (세 자리 수)÷(한 자리 수)

(몇백)×(몇십), (몇십)×(몇백)

(세 자리 수)×(몇십)

이렇게 지도해요!

❶ 먼저 설명해 주세요.

그림과 말로 풀어낸 (몇백)×(몇십) 내용을 아이와 함께 따라 읽어 보면서, 곱하는 두 수의 0의 개수에 따라 계산한 값의 자릿수가 변하는 것을 확인합니다.

❷ 수를 이해하며 계산해요.

설명과 이어지는 식을 이용하여 Day1에서 재미있게 문제를 풉니다.

❸ 충분히 연습해요.

Day2와 Day3의 문제 풀이를 통해 수를 이해하는 힘을 기르고, (세 자리 수)×(두 자리 수)를 학습하기 전에 더 기초적인 문제를 다뤄 보면서 큰 수의 곱셈에 익숙해집니다.

스스로 계획을 세워요!

	공부할 날짜	목표 시간	복습할 날짜
Day 01/48	월/일	분/20개	월/일
Day 02/48	월/일	분/29개	월/일
Day 03/48	월/일	분/31개	월/일

선생님의 칠판

(몇백)×(몇십)은 (몇)×(몇)에 1000배를 하는 거야.

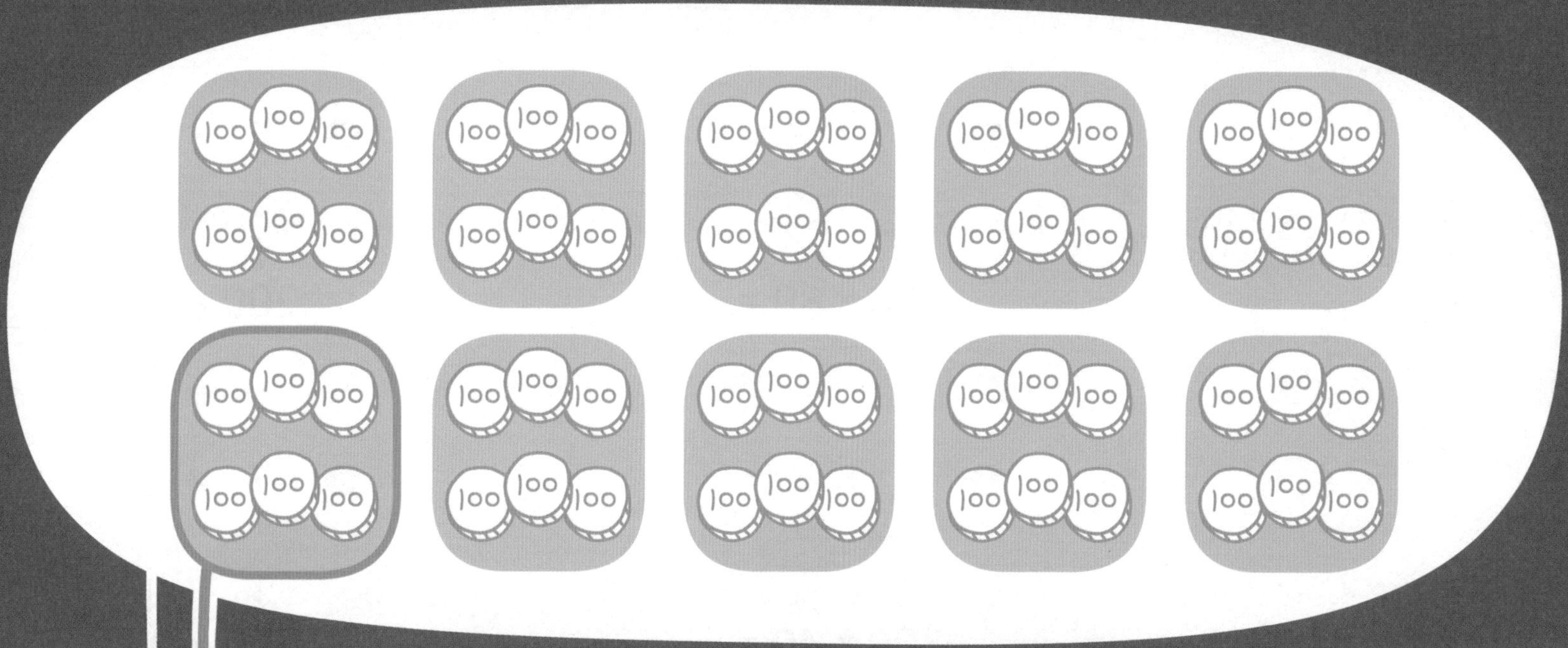

동전이 3개씩 2묶음

300원이 20묶음

$3 \times 2 = 6$

100배 10배 1000배

$300 \times 20 = 6000$

Day 01

(몇백)×(몇십)은 (몇)×(몇)과 0의 개수만 달라.

곱하는 두 수가 각각 100배, 10배가 되면
곱한 결과는 (100×10)배인 1000배가 돼.

$$4 \times 3 = 12$$
100배 × 10배 = 1000배
$$400 \times 30 = 12000$$

❶ 2 × 2 = ____ (100배, 10배, 1000배)
200 × 20 = ____

❷ 5 × 3 = ____ (100배, 10배, 1000배)
500 × 30 = ____

❸ 3 × 8 = ____ (100배, 10배, 1000배)
300 × 80 = ____

❹ 2 × 5 = ____ (100배, 10배, 1000배)
200 × 50 = ____

❺ 5 × 4 = ____ (100배, 10배, 1000배)
500 × 40 = ____

❻ 7 × 9 = ____ (100배, 10배, 1000배)
700 × 90 = ____

❼ 8 × 7 = ____ (100배, 10배, 1000배)
800 × 70 = ____

❽ 4 × 6 = ____ (100배, 10배, 1000배)
400 × 60 = ____

❾ 9 × 8 = ____ (100배, 10배, 1000배)
900 × 80 = ____

곱하는 두 수가 각각 10배, 100배일 때는 어떻게 될까?

⑩ $2 \times 7 =$ ____ (10배, 100배, 1000배)
$20 \times 700 =$ ____

⑪ $4 \times 8 =$ ____ (10배, 100배, 1000배)
$40 \times 800 =$ ____

⑫ $8 \times 2 =$ ____ (10배, 100배, 1000배)
$80 \times 200 =$ ____

⑬ $6 \times 6 =$ ____ (10배, 100배, 1000배)
$60 \times 600 =$ ____

⑭ $5 \times 6 =$ ____ (10배, 100배, 1000배)
$50 \times 600 =$ ____

⑮ $7 \times 3 =$ ____ (10배, 100배, 1000배)
$70 \times 300 =$ ____

⑯ $4 \times 2 =$ ____ (10배, 100배, 1000배)
$40 \times 200 =$ ____

⑰ $3 \times 9 =$ ____ (10배, 100배, 1000배)
$30 \times 900 =$ ____

⑱ $6 \times 8 =$ ____ (10배, 100배, 1000배)
$60 \times 800 =$ ____

⑲ $8 \times 5 =$ ____ (10배, 100배, 1000배)
$80 \times 500 =$ ____

⑳ $9 \times 4 =$ ____ (10배, 100배, 1000배)
$90 \times 400 =$ ____

공부 끝!

맞힌 개수 /20개

부모님 확인

오늘의 숫자 **5**에 색칠하세요.

Day 02

(몇)×(몇)을 계산하고, 그 값에 곱하는 두 수의 0의 개수만큼 0을 붙여.

	2	0	0
×		3	0
6	0	0	0

먼저 0을 세 개 붙여 주고

2×3의 값을 써 줘.

❶

		3	0	0
×			6	0

❷

		4	0	0
×			4	0

❸

		5	0	0
×			7	0

❹

		7	0	0
×			8	0

❺

		8	0	0
×			9	0

❻

		9	0	0
×			3	0

❼

			3	0
×		3	0	0

❽

			7	0
×		7	0	0

❾

			5	0
×		9	0	0

❿

			6	0
×		8	0	0

⓫

			2	0
×		4	0	0

⓬

			8	0
×		4	0	0

⓭

			9	0
×		6	0	0

⑭ 300×40

3×4

0이 3개

⑮ 200×80

⑯ 300×70

⑰ 600×30

⑱ 500×50

5×2=10이니까 0의 개수에 주의하기!

⑲ 500×20

⑳ 60×700

㉑ 70×600

㉒ 80×300

㉓ 90×700

㉔ 20×600

㉕ 30×800

㉖ 400×90

㉗ 50×300

㉘ 70×400

㉙ 800×80

공부 끝!

맞힌 개수

/29개

부모님 확인

오늘의 숫자 **11**에 색칠하세요.

월 일 /7분

Day 03

0의 개수에 주의하면서 두 수의 곱셈을 해 보자.

❶ $\begin{array}{r} 300 \\ \times \quad 50 \\ \hline \end{array}$

❷ $\begin{array}{r} 400 \\ \times \quad 90 \\ \hline \end{array}$

❸ $\begin{array}{r} 80 \\ \times \quad 500 \\ \hline \end{array}$

❹ $\begin{array}{r} 600 \\ \times \quad 70 \\ \hline \end{array}$

❺ $\begin{array}{r} 40 \\ \times \quad 700 \\ \hline \end{array}$

❻ $\begin{array}{r} 800 \\ \times \quad 80 \\ \hline \end{array}$

❼ $\begin{array}{r} 900 \\ \times \quad 20 \\ \hline \end{array}$

❽ $\begin{array}{r} 20 \\ \times \quad 800 \\ \hline \end{array}$

❾ $\begin{array}{r} 30 \\ \times \quad 700 \\ \hline \end{array}$

❿ $\begin{array}{r} 40 \\ \times \quad 400 \\ \hline \end{array}$

⓫ $\begin{array}{r} 600 \\ \times \quad 50 \\ \hline \end{array}$

⓬ $\begin{array}{r} 200 \\ \times \quad 60 \\ \hline \end{array}$

⓭ $\begin{array}{r} 70 \\ \times \quad 900 \\ \hline \end{array}$

⓮ $\begin{array}{r} 300 \\ \times \quad 80 \\ \hline \end{array}$

⓯ $\begin{array}{r} 50 \\ \times \quad 500 \\ \hline \end{array}$

⑯ 20×500

⑰ 300×30

⑱ 40×700

⑲ 500×90

⑳ 80×600

㉑ 30×600

㉒ 900×50

㉓ 70×200

㉔ 800×50

㉕ 600×60

㉖ 900×60

㉗ 20×400

㉘ 40×500

㉙ 90×900

㉚ 700×80

㉛ 80×400

공부 끝!

맞힌 개수

/31개

부모님 확인

오늘의 숫자 **12**에 색칠하세요.

부모님 확인

연산 놀이터

30000원으로 최대한 많이 다양한 쿠키를 사 볼까?
어떤 쿠키 박스들을 사야 할지 찾아서 동그라미 해 보자.

600원짜리 쿠키 50개

400원짜리 쿠키 30개

500원짜리 쿠키 40개

800원짜리 쿠키 30개

700원짜리 쿠키 20개

300원짜리 쿠키 60개

02

(세 자리 수)×(몇십)

이번에는 무엇을 배울까?

(몇백)×(몇십), (몇십)×(몇백)
(세 자리 수)×(몇십)
(세 자리 수)×(두 자리 수)

이렇게 지도해요!

❶ 먼저 설명해 주세요.

그림과 말로 풀어낸 (세 자리 수)×(몇십) 내용을 아이와 함께 따라 읽어 보면서, 이전에 공부한 (세 자리 수)×(한 자리 수) 개념과 연결하여 몇십을 곱했을 때 계산한 값의 자릿수 변화를 확인합니다.

❷ 수를 이해하며 계산해요.

설명과 이어지는 식을 이용하여 Day4에서 재미있게 문제를 풉니다.

❸ 충분히 연습해요.

Day5 ~ Day8의 문제 풀이를 통해 수를 이해하는 힘을 기르고, 충분히 문제를 다루어 이후 학습할 (세 자리 수)×(두 자리 수)의 기초를 다집니다.

스스로 계획을 세워요!

	공부할 날짜	목표 시간	복습할 날짜
Day 04 /48	월 / 일	분 / 16개	월 / 일
Day 05 /48	월 / 일	분 / 24개	월 / 일
Day 06 /48	월 / 일	분 / 26개	월 / 일
Day 07 /48	월 / 일	분 / 29개	월 / 일
Day 08 /48	월 / 일	분 / 29개	월 / 일

선생님의 칠판

(세 자리 수)×(몇십)은 (세 자리 수)×(몇)에 10배를 하면 돼!

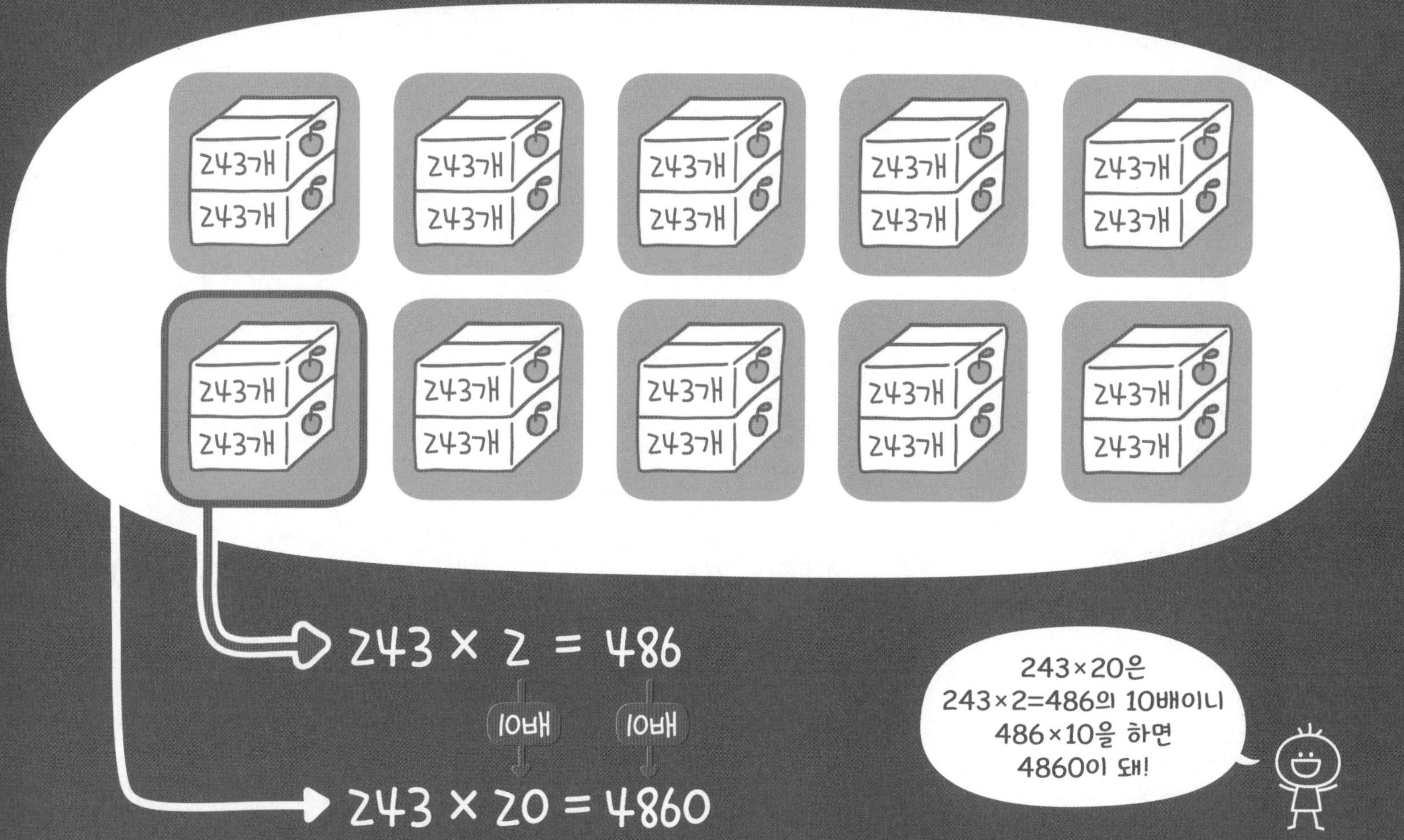

월 일 /6 분

Day 04

(세 자리 수)×(몇)을 계산하고, 그 값에 10배를 해 봐.

곱하는 수가 10배가 되면 곱한 결과도 10배가 돼.

359 × 2 = 718
10배 10배
359 × 20 = 7180

❶ 292 × 4 = ______
10배 10배
292 × 40 = ______

❷ 427 × 7 = ______
10배 10배
427 × 70 = ______

❸ 574 × 9 = ______
10배 10배
574 × 90 = ______

❹ 694 × 3 = ______
10배 10배
694 × 30 = ______

❺ 416 × 2 = ______
10배 10배
416 × 20 = ______

❻ 593 × 6 = ______
10배 10배
593 × 60 = ______

❼ 716 × 5 = ______
10배 10배
716 × 50 = ______

❽ 482 × 8 = ______
10배 10배
482 × 80 = ______

❾ 907 × 7 = ______
10배 10배
907 × 70 = ______

세로 셈일 때도 비교해 볼까?

⑩

	3	1	6
×			8

→ 10배

		3	1	6
×			8	0

⑪

	5	3	2
×			4

→ 10배

		5	3	2
×			4	0

⑫

	4	9	7
×			2

→ 10배

		4	9	7
×			2	0

⑬

	6	7	2
×			9

→ 10배

		6	7	2
×			9	0

⑭

	2	4	6
×			5

→ 10배

		2	4	6
×			5	0

⑮

	7	2	1
×			3

→ 10배

		7	2	1
×			3	0

⑯

	8	6	2
×			9

→ 10배

		8	6	2
×			9	0

공부 끝!

맞힌 개수 /16개

부모님 확인

오늘의 숫자 **21**에 색칠하세요.

Day 05

곱하는 수가 10배가 되면 계산한 값도 10배가 돼.

	1	3	6
×		2	0
2	7	2	0

먼저 0을 한 개 붙여 주고

136×2의 값을 써 줘.

❶

		6	1	3
×			3	0

❷

		1	7	4
×			4	0

❸

		8	1	6
×			5	0

❹

		4	8	8
×			7	0

❺

		6	0	4
×			8	0

❻

		5	5	3
×			9	0

❼

		3	5	2
×			3	0

❽

		9	9	2
×			4	0

❾

		9	5	7
×			5	0

❿

		7	3	6
×			6	0

⓫

		5	8	8
×			7	0

⓬

		5	9	4
×			8	0

⓭

		7	6	1
×			9	0

가로 셈은 세로 셈으로 바꿔서 해도 돼!

⑭ 247 × 60 =

		2	4	7
×			6	0

⑮ 585 × 30 =

⑯ 217 × 80 =

⑰ 846 × 40 =

⑱ 693 × 20 =

⑲ 153 × 30 =

⑳ 408 × 50 =

㉑ 379 × 20 =

㉒ 706 × 20 =

㉓ 875 × 70 =

㉔ 388 × 90 =

공부 끝!

맞힌 개수

/24개

부모님 확인

오늘의 숫자 **22**에 색칠하세요.

Day 06

(세 자리 수)×(몇)을 계산하고, 오른쪽 끝에 0을 붙여서 써.

❶

		2	6	3
×			3	0
				0

오른쪽 끝에 0!

❷

		1	8	2
×			4	0

❸

		2	7	6
×			5	0

❹

		9	1	3
×			6	0

❺

		4	1	1
×			7	0

❻

		8	0	9
×			8	0

❼

		3	4	6
×			9	0

❽

		6	5	4
×			6	0

❾

		2	9	5
×			3	0

❿

		3	5	1
×			4	0

⓫

		6	7	3
×			5	0

⓬

		9	3	4
×			2	0

⓭

		7	1	6
×			7	0

⓮

		3	2	8
×			8	0

⓯

		5	2	3
×			9	0

⑯ 677 × 20 =

⑰ 116 × 30 =

⑱ 449 × 50 =

⑲ 295 × 40 =

⑳ 987 × 80 =

㉑ 372 × 50 =

㉒ 914 × 70 =

㉓ 143 × 60 =

㉔ 568 × 30 =

㉕ 892 × 40 =

㉖ 726 × 60 =

공부 끝!

맞힌 개수

/26개

부모님 확인

오늘의 숫자 **30**에 색칠하세요.

Day 07

계산한 결과를 쓸 때는
자리에 맞게 써야 해.

❶ 274×30

❷ 307×70

❸ 147×50

❹ 474×20

❺ 283×40

❻ 507×80

❼ 458×90

❽ 231×60

❾ 752×40

❿ 938×30

⓫ 267×90

⓬ 973×60

⓭ 836×70

⓮ 638×80

⓯ 824×50

⑯ 233×20

⑰ 452×30

⑱ 605×40

⑲ 522×60

⑳ 327×70

㉑ 819×80

㉒ 679×20

㉓ 764×30

㉔ 306×40

㉕ 406×50

㉖ 923×90

㉗ 744×80

㉘ 248×60

㉙ 834×70

공부 끝!

맞힌 개수

/29개

부모님 확인

오늘의 숫자 **28**에 색칠하세요.

Day 08

(세 자리 수)×(몇십)은 (세 자리 수)×(몇)의 값에 10을 곱한 거야.

❶ 554×30

❷ 723×40

❸ 309×50

❹ 156×90

❺ 612×80

❻ 236×80

❼ 535×90

❽ 543×20

❾ 348×30

❿ 832×40

⓫ 266×50

⓬ 724×60

⓭ 475×70

⓮ 922×70

⓯ 845×60

⑯ 273×20

⑰ 123×30

⑱ 637×40

⑲ 358×60

⑳ 513×70

㉑ 369×80

㉒ 414×50

㉓ 169×40

㉔ 546×50

㉕ 786×20

㉖ 437×30

㉗ 827×90

㉘ 931×60

㉙ 825×70

공부 끝!

맞힌 개수

/29개

부모님 확인

오늘의 숫자 **29**에 색칠하세요.

연산 놀이터

벌은 꽃과 잎에 적힌 수를 곱한 값이 7590인 꽃에만 갈 수 있어.
어떤 꽃에 갈 수 있는지 찾아보고 그 꽃을 색칠해 보자.

부모님 확인

해바라기 튤립 민들레 나팔꽃

나는 ______________ 에 갈 수 있어!

03

(세 자리 수)×(두 자리 수)

이번에는 무엇을 배울까?

이렇게 지도해요!

❶ 먼저 설명해 주세요.

그림과 말로 풀어낸 (세 자리 수)×(두 자리 수) 내용을 아이와 함께 따라 읽어 보면서, 곱하는 수를 몇십과 몇으로 나눈 후 각각 곱한 값을 더해 결과를 구하는 과정을 이해합니다.

❷ 수를 이해하며 계산해요.

설명과 이어지는 그림을 이용하여 Day9에서 재미있게 문제를 풉니다.

❸ 충분히 연습해요.

Day10 ~ Day14의 문제 풀이를 통해 수를 이해하는 힘을 기르고, 자연수의 곱셈을 충분히 다뤄 보면서 곱셈의 알고리즘을 완벽하게 학습합니다.

스스로 계획을 세워요!

	공부할 날짜	목표 시간	복습할 날짜
Day 09 / 48	월 / 일	분 / 10개	월 / 일
Day 10 / 48	월 / 일	분 / 14개	월 / 일
Day 11 / 48	월 / 일	분 / 18개	월 / 일
Day 12 / 48	월 / 일	분 / 19개	월 / 일
Day 13 / 48	월 / 일	분 / 29개	월 / 일
Day 14 / 48	월 / 일	분 / 29개	월 / 일

선생님의 칠판

(세 자리 수)×(두 자리 수)는 곱하는 수를 몇십과 몇으로 나누어서 곱한 후 더해.

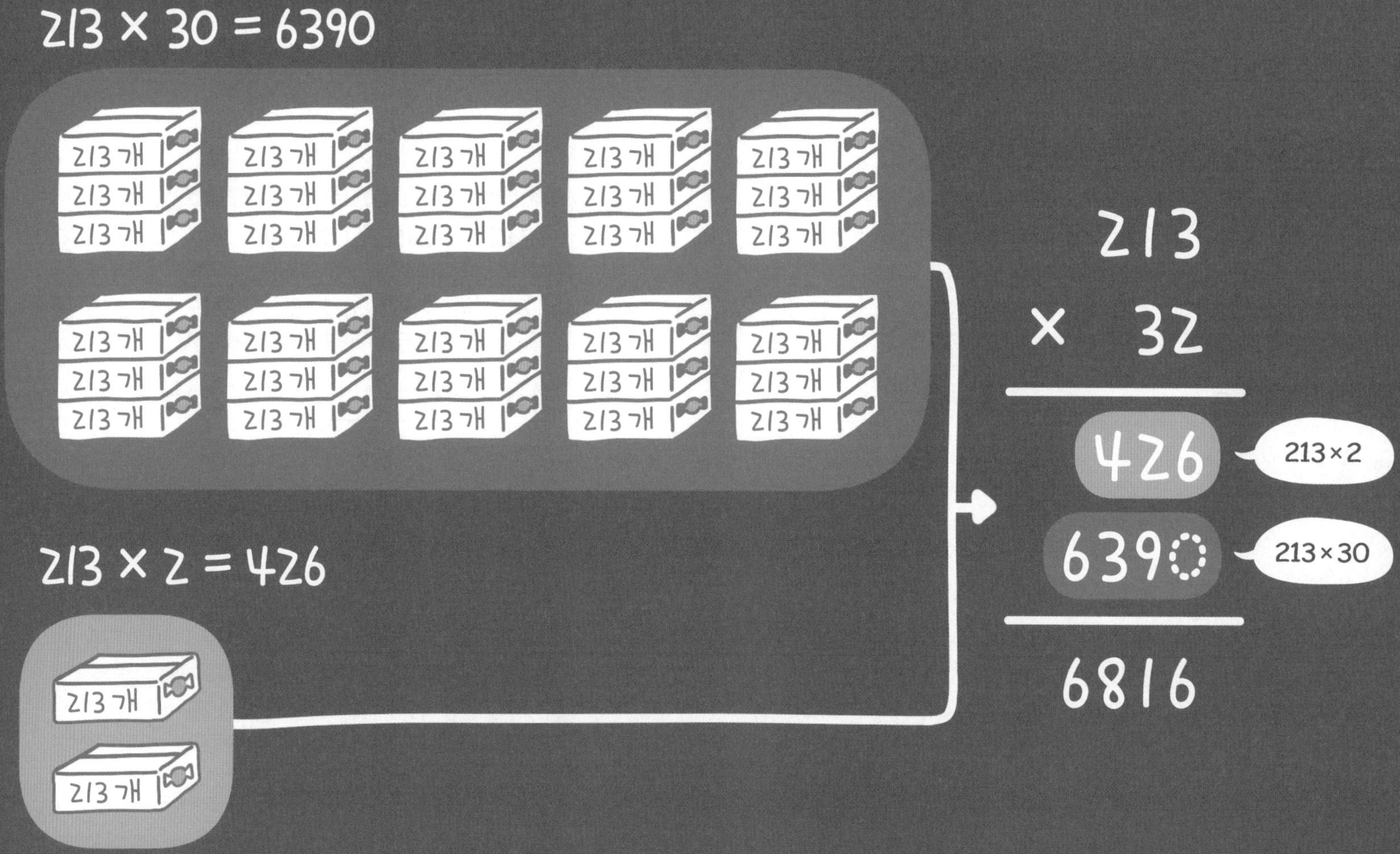

Day 09

곱하는 수를 몇십과 몇으로 나누어 각각 곱한 후 더해 보자.

❶

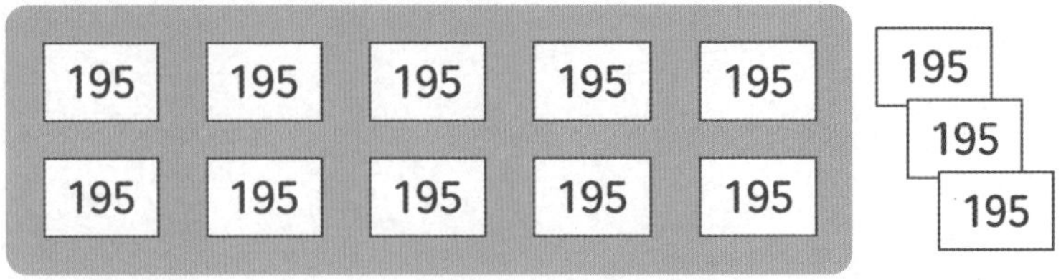

195 × 10 = 1950, 195 × 3 = 585

→ 195 × 13 = 1950 + 585 = ______

❷

319 × 20 = ______, 319 × 2 = ______

→ 319 × 22 = ____________ = ______

❸

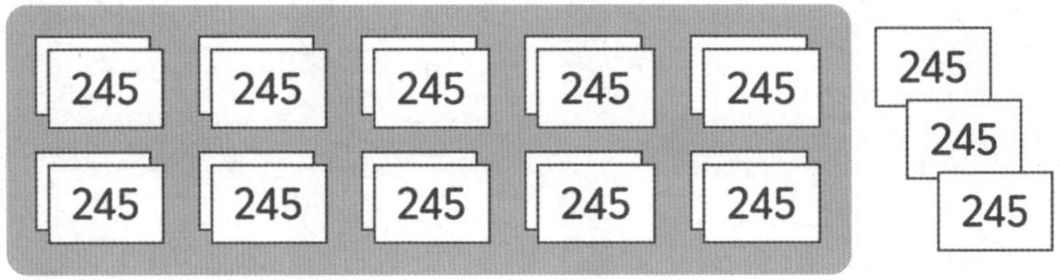

245 × 20 = ______, 245 × 3 = ______

→ 245 × 23 = ____________ = ______

❹

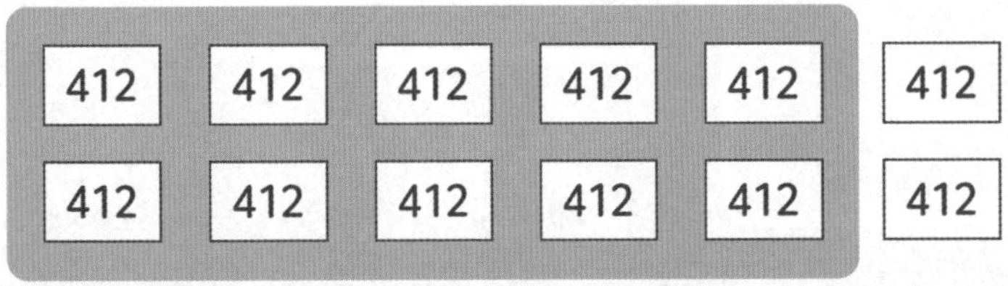

412 × 10 = ______, 412 × 2 = ______

→ 412 × 12 = ____________ = ______

❺

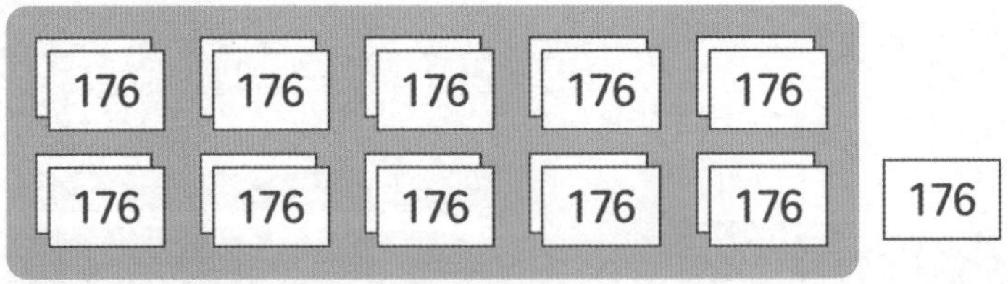

176 × 20 = ______, 176 × 1 = ______

→ 176 × 21 = ____________ = ______

❻ 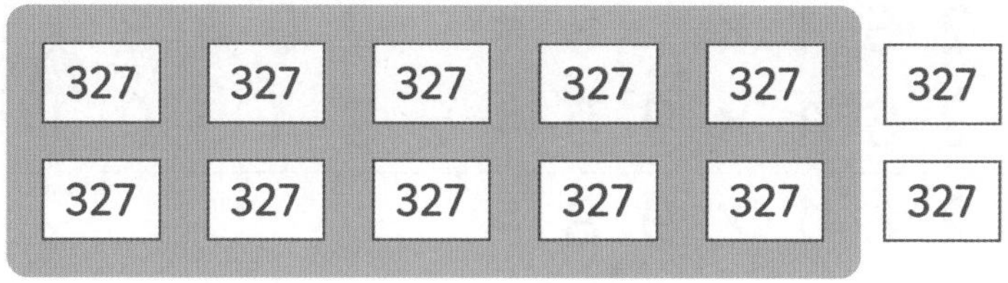

$327 \times 10 =$ ______, $327 \times 2 =$ ______

→ $327 \times 12 =$ ____________ $=$ ______

❼ 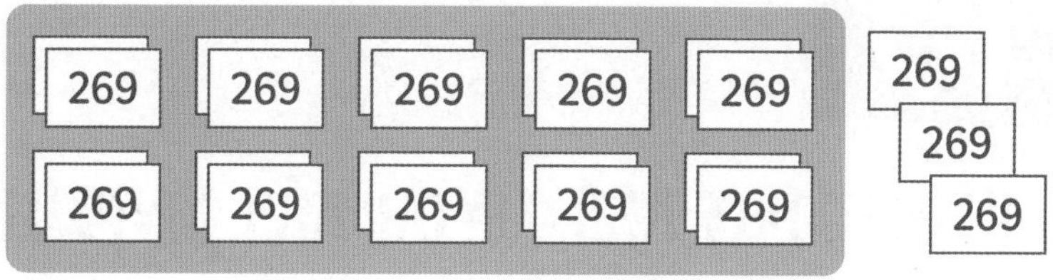

$269 \times 20 =$ ______, $269 \times 3 =$ ______

→ $269 \times 23 =$ ____________ $=$ ______

❽ 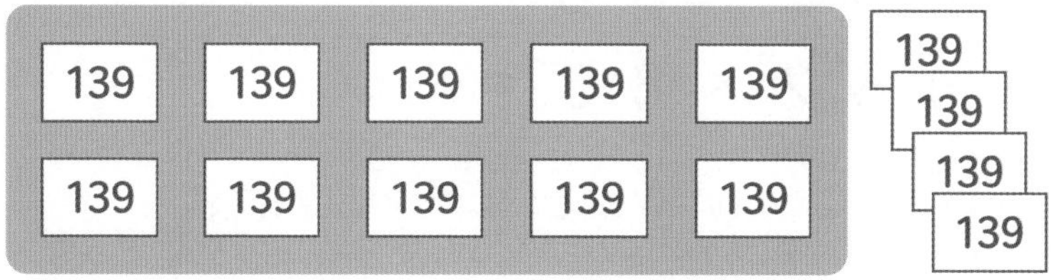

$139 \times 10 =$ ______, $139 \times 4 =$ ______

→ $139 \times 14 =$ ____________ $=$ ______

❾ 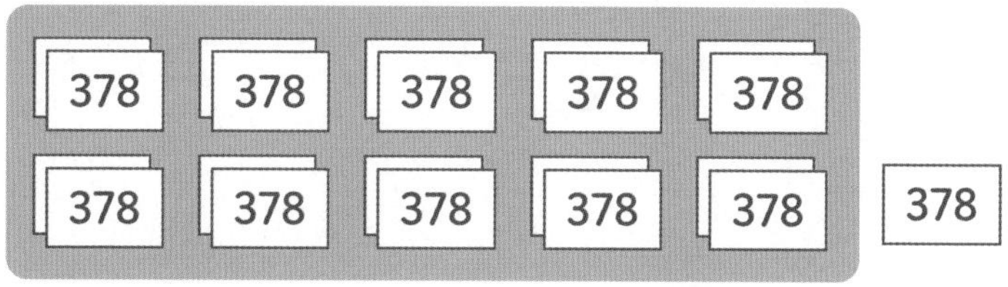

$378 \times 20 =$ ______, $378 \times 1 =$ ______

→ $378 \times 21 =$ ____________ $=$ ______

❿ 

$509 \times 30 =$ ______, $509 \times 5 =$ ______

→ $509 \times 35 =$ ____________ $=$ ______

공부 끝!

맞힌 개수

/10개

부모님 확인

오늘의 숫자 **47**에 색칠하세요.

월 일 /7 분

Day 10

(세 자리 수)×(두 자리 수)는 (세 자리 수)×(몇)과 (세 자리 수)×(몇십)을 합한 거야.

❶ 261 × 8 = 2088
261 × 90 = 23490
261 × 98 = (90+8)

곱한 값들을 더해.

❷ 166 × 2 =
166 × 60 =
166 × 62 =

❸ 482 × 3 =
482 × 80 =
482 × 83 =

❹ 626 × 9 =
626 × 50 =
626 × 59 =

❺ 850 × 4 =
850 × 20 =
850 × 24 =

❻ 208 × 5 =
208 × 50 =
208 × 55 =

❼ 574 × 1 =
574 × 20 =
574 × 21 =

❽
674 × =
674 × =
674 × 17 =

❾
345 × =
345 × =
345 × 61 =

❿
702 × =
702 × =
702 × 86 =

⓫
473 × =
473 × =
473 × 95 =

⓬
766 × =
766 × =
766 × 97 =

⓭
935 × =
935 × =
935 × 33 =

⓮
526 × =
526 × =
526 × 49 =

공부 끝!

맞힌 개수 /14개

부모님 확인

오늘의 숫자 **48**에 색칠하세요.

Day 11

몇십과 몇으로 나누어서 곱한 후에는 각각의 값을 꼭 더해 줘야 해.

67을 60과 7로 나누어 각각 곱하고

		1	9	8
×			6	7
	1	3	8	6
1	1	8	8	0
1	3	2	6	6

198×7

198×60

계산한 값들을 더해서 써.

34를 30과 4로 나누어서 계산해 봐.

❶

		2	1	8
×			3	4
		8	7	2
	6	5	4	0

이 0은 생략해도 돼.

❷

		3	0	4
×			2	8

❸

		5	4	0
×			3	6

❹

		6	2	5
×			7	2

❺

		5	7	3
×			6	6

❻

		8	8	5
×			7	5

❼

		7	1	5
×			1	8

❽

		4	1	4
×			5	6

❾

		6	4	1
×			8	8

❿

		9	9	4
×			6	2

⓫ 134 × 26 =

		1	3	4
×			2	6

⓬ 335 × 76 =

⓭ 247 × 63 =

⓮ 635 × 31 =

⓯ 456 × 48 =

⓰ 812 × 54 =

⓱ 559 × 25 =

⓲ 793 × 45 =

공부 끝!

맞힌 개수 /18개

부모님 확인

오늘의 숫자 **51**에 색칠하세요.

Day 12

계산한 결과를 쓸 때는
자리에 맞게 써야 해.

❶
$$\begin{array}{r} 163 \\ \times \quad 29 \\ \hline \end{array}$$

❷
$$\begin{array}{r} 373 \\ \times \quad 44 \\ \hline \end{array}$$

❸
$$\begin{array}{r} 236 \\ \times \quad 52 \\ \hline \end{array}$$

❹
$$\begin{array}{r} 846 \\ \times \quad 63 \\ \hline \end{array}$$

❺
$$\begin{array}{r} 512 \\ \times \quad 38 \\ \hline \end{array}$$

❻
$$\begin{array}{r} 180 \\ \times \quad 32 \\ \hline \end{array}$$

❼
$$\begin{array}{r} 748 \\ \times \quad 73 \\ \hline \end{array}$$

❽
$$\begin{array}{r} 459 \\ \times \quad 89 \\ \hline \end{array}$$

❾
$$\begin{array}{r} 609 \\ \times \quad 92 \\ \hline \end{array}$$

❿
$$\begin{array}{r} 581 \\ \times \quad 24 \\ \hline \end{array}$$

⓫
$$\begin{array}{r} 976 \\ \times \quad 42 \\ \hline \end{array}$$

⑫ 126 × 58 =

⑬ 325 × 36 =

⑭ 257 × 18 =

⑮ 406 × 77 =

⑯ 759 × 11 =

⑰ 667 × 46 =

⑱ 891 × 35 =

⑲ 595 × 64 =

공부 끝!

맞힌 개수 /19개

부모님 확인

오늘의 숫자 50에 색칠하세요.

월 일 /13 분

Day 13

곱하는 수를
몇십과 몇으로 나누어
계산한다는 것을 잊지 마.

❶ 101×77

❷ 285×78

❸ 424×67

❹ 362×59

❺ 616×93

❻ 531×75

❼ 270×65

❽ 467×23

❾ 876×53

❿ 351×68

⓫ 949×17

⓬ 818×44

⓭ 926×41

⓮ 553×94

⓯ 719×79

⑯ 157 × 99

⑰ 690 × 54

⑱ 216 × 97

⑲ 592 × 35

⑳ 314 × 74

㉑ 493 × 58

㉒ 378 × 33

㉓ 548 × 27

㉔ 849 × 66

㉕ 724 × 12

㉖ 988 × 22

㉗ 753 × 45

㉘ 807 × 32

㉙ 638 × 69

공부 끝!

맞힌 개수 /29개

부모님 확인

오늘의 숫자 **69**에 색칠하세요.

Day 14

곱셈은 곱하는 수를 자릿수 별로 나누어 각각 곱한 값들을 더하는 거야.

❶ 298×54

❷ 386×55

❸ 141×96

❹ 517×11

❺ 495×43

❻ 713×87

❼ 863×38

❽ 430×22

❾ 607×84

❿ 957×16

⓫ 586×92

⓬ 892×71

⓭ 624×39

⓮ 745×63

⓯ 974×47

⑯ 416×76

⑰ 225×82

⑱ 393×61

⑲ 349×74

⑳ 162×24

㉑ 810×52

㉒ 442×49

㉓ 277×35

㉔ 671×67

㉕ 992×33

㉖ 565×45

㉗ 854×19

㉘ 738×56

㉙ 908×28

공부 끝!

맞힌 개수 /29개

부모님 확인

오늘의 숫자 **70**에 색칠하세요.

연산 놀이터

185점 , , 의 순서로 가로 또는 세로로 한 칸씩만 움직일 수 있고,
한 번 간 곳은 다시 갈 수 없어. 도착하면 모두 몇 점을 모으게 될까?

부모님 확인

출발

도착 점

04

(몇백몇십)÷(몇십)

이번에는 무엇을 배울까?

이렇게 지도해요!

❶ 먼저 설명해 주세요.

그림과 말로 풀어낸 (몇백몇십)÷(몇십) 내용을 아이와 함께 따라 읽어 보면서, 이전에 학습한 (몇십몇)÷(몇) 내용과 연결 지어 나눗셈의 원리를 이해합니다.

❷ 수를 이해하며 계산해요.

설명과 이어지는 그림을 이용하여 Day15에서 재미있게 문제를 풉니다.

❸ 충분히 연습해요.

Day16 ~ Day18의 문제 풀이를 통해 나누는 수가 두 자리 수인 나눗셈의 기초를 경험하고, 나눗셈에서 몫의 자릿수에 대한 기본 개념을 이해합니다.

스스로 계획을 세워요!

	공부할 날짜	목표 시간	복습할 날짜
Day 15 (48)	월 / 일	분 / 16개	월 / 일
Day 16 (48)	월 / 일	분 / 29개	월 / 일
Day 17 (48)	월 / 일	분 / 34개	월 / 일
Day 18 (48)	월 / 일	분 / 34개	월 / 일

선생님의 칠판

(몇백몇십) ÷ (몇십)은 (몇십몇) ÷ (몇)처럼 계산하면 돼!

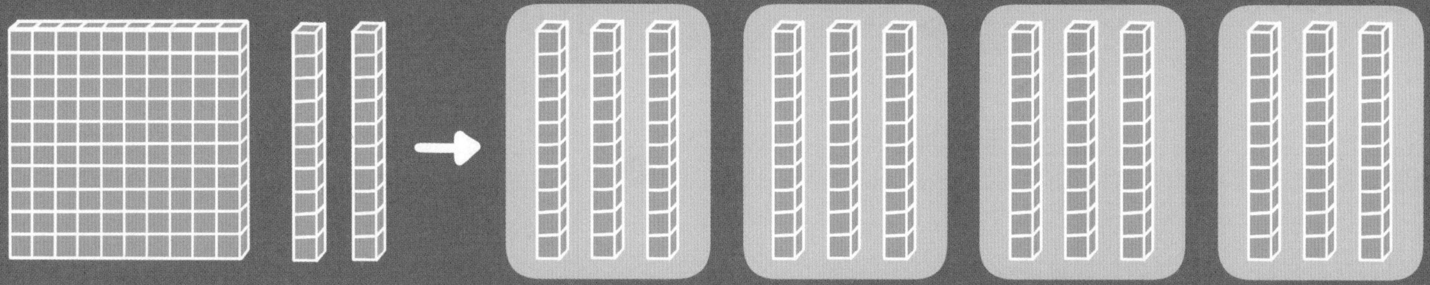

12 ÷ 3 = 4

십 모형 12개를 3개씩 묶으면 4묶음이 돼.

120 ÷ 30 = 4

120을 30씩 묶으면 4묶음이 되지.

나누어지는 수와 나누는 수의 끝에 0이 없다고 생각하면 쉬워!

Day 15

(몇백몇십) ÷ (몇십)은 (몇십몇) ÷ (몇)을 생각하면 쉽게 계산할 수 있어.

❶
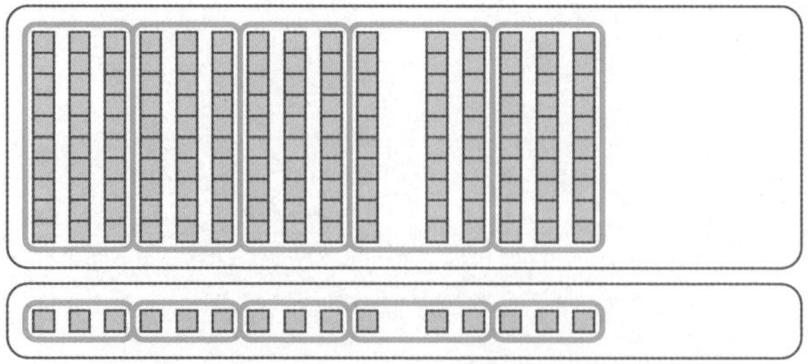

150 ÷ 30 = 5, 15 ÷ 3 = 5

→ 150 ÷ 30 = 15 ÷ 3 = ____

❷
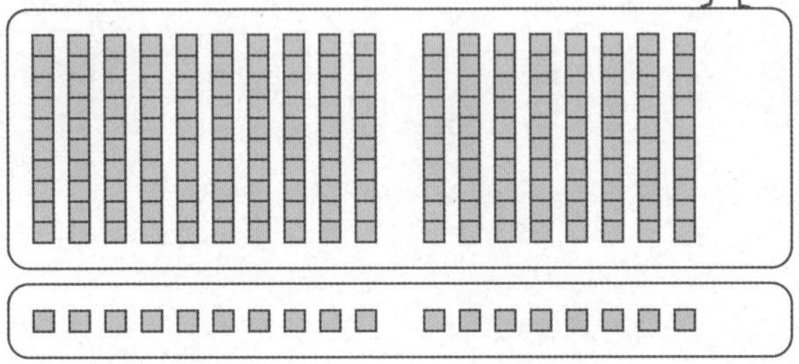

180 ÷ 20 = ____, 18 ÷ 2 = ____

→ 180 ÷ 20 = ________ = ____

❸
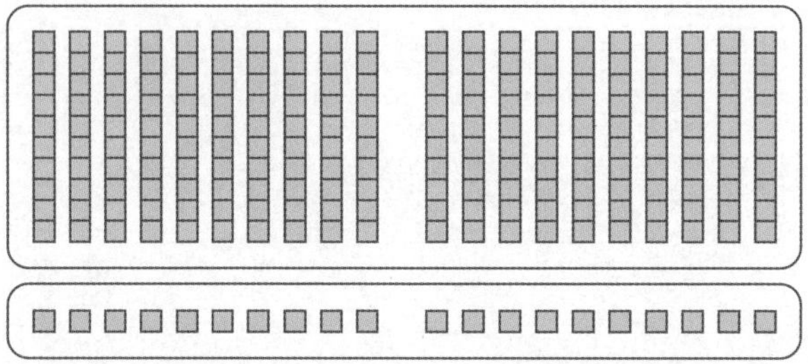

200 ÷ 50 = ____, 20 ÷ 5 = ____

→ 200 ÷ 50 = ________ = ____

❹
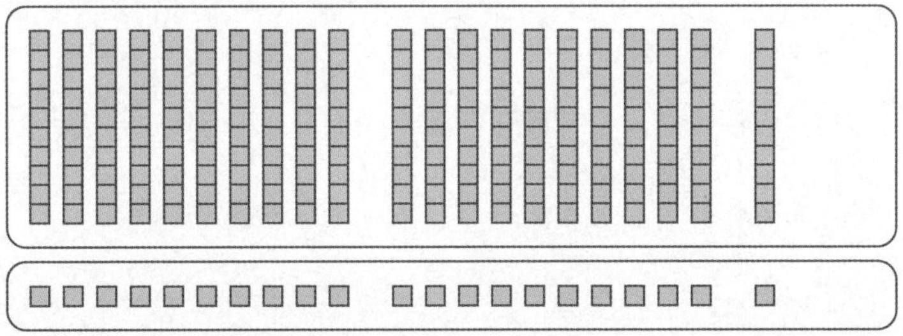

210 ÷ 30 = ____, 21 ÷ 3 = ____

→ 210 ÷ 30 = ________ = ____

❺
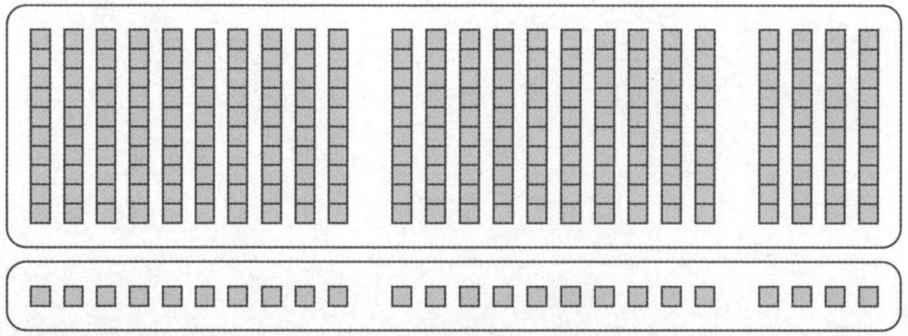

240 ÷ 60 = ____, 24 ÷ 6 = ____

→ 240 ÷ 60 = ________ = ____

나누는 수와 나누어지는 수 모두 일의 자리가 0이면, 0을 떼고 계산한 것과 몫이 같아.

12를 3씩 묶으면 모두 4묶음인데,
120을 30씩 묶으면 이것도 4묶음이니까

$12 \div 3 = 4$

→ $120 \div 30 = 4$

120÷30의 몫은 12÷3의 몫과 같아!

❻ $14 \div 2 =$
→ $140 \div 20 =$

❼ $18 \div 6 =$
→ $180 \div 60 =$

❽ $27 \div 3 =$
→ $270 \div 30 =$

❾ $32 \div 8 =$
→ $320 \div 80 =$

❿ $16 \div 4 =$
→ $160 \div 40 =$

⓫ $45 \div 5 =$
→ $450 \div 50 =$

⓬ $30 \div 6 =$
→ $300 \div 60 =$

이럴 때는 0을
한 개만 떼어야 해.

⓭ $42 \div 7 =$
→ $420 \div 70 =$

⓮ $63 \div 9 =$
→ $630 \div 90 =$

⓯ $49 \div 7 =$
→ $490 \div 70 =$

⓰ $72 \div 9 =$
→ $720 \div 90 =$

공부 끝!

맞힌 개수 /16개

부모님 확인

오늘의 숫자 **85**에 색칠하세요.

Day 16

세로 셈에서는 몫을 쓰는 위치를 확인하고 써야 해.

120은 20씩 6묶음이니까 몫은 6이야.

			~~6~~	
2	0	) 1	2	0
		1	2	0
				0

				6 (몫)
2	0	) 1	2	0
		1	2	0
				0

몫이 한 자리 수면
나누어지는 수의
일의 자리 위에 써야 해.

❶ $50 \overline{)150}$

❷ $90 \overline{)180}$

❸ $30 \overline{)210}$

❹ $30 \overline{)270}$

❺ $40 \overline{)320}$

❻ $60 \overline{)240}$

❼ $80 \overline{)480}$

❽ $90 \overline{)540}$

❾ $40 \overline{)200}$

❿ $70 \overline{)350}$

⓫ $80 \overline{)640}$

⓬ $70 \overline{)630}$

가로 셈에서는
몫을 쓸 때 0의 개수를
꼭 확인해야 해.

120 ÷ 30 = 40 (✗)
120 ÷ 30 = 4
0을 또 쓰지 않도록 주의해야 해.

⑬ 140 ÷ 70

⑭ 250 ÷ 50

⑮ 240 ÷ 30

⑯ 140 ÷ 20

⑰ 360 ÷ 60

⑱ 160 ÷ 20

⑲ 360 ÷ 90

⑳ 100 ÷ 50

㉑ 400 ÷ 80

㉒ 280 ÷ 70

㉓ 180 ÷ 30

㉔ 300 ÷ 60

㉕ 490 ÷ 70

㉖ 450 ÷ 50

㉗ 560 ÷ 80

㉘ 420 ÷ 70

㉙ 720 ÷ 90

공부 끝!
맞힌 개수
/29개
부모님 확인

오늘의 숫자 86에 색칠하세요.

Day 17

계산할 때는 자리를 확인하면서 수를 써야 해.

❶ $40\overline{)120}$

❷ $30\overline{)150}$

❸ $50\overline{)200}$

❹ $40\overline{)280}$

❺ $60\overline{)180}$

❻ $20\overline{)100}$

❼ $70\overline{)210}$

❽ $80\overline{)320}$

❾ $40\overline{)200}$

❿ $70\overline{)490}$

⓫ $80\overline{)720}$

⓬ $90\overline{)450}$

⓭ $30\overline{)240}$

⓮ $90\overline{)810}$

⓯ $60\overline{)420}$

⑯ 120 ÷ 60

⑰ 240 ÷ 60

⑱ 350 ÷ 50

⑲ 180 ÷ 20

⑳ 250 ÷ 50

㉑ 160 ÷ 80

㉒ 160 ÷ 40

㉓ 400 ÷ 80

㉔ 300 ÷ 50

㉕ 270 ÷ 30

㉖ 560 ÷ 70

㉗ 480 ÷ 60

㉘ 280 ÷ 70

㉙ 400 ÷ 50

㉚ 360 ÷ 40

㉛ 540 ÷ 60

㉜ 630 ÷ 90

㉝ 720 ÷ 90

㉞ 360 ÷ 60

공부 끝!

맞힌 개수 /34개

부모님 확인

오늘의 숫자 **83**에 색칠하세요.

월 일 /8 분

Day 18

(몇백몇십)÷(몇십)은 (몇십몇)÷(몇)으로 계산하면 돼.

❶ $90\overline{)180}$

❷ $40\overline{)240}$

❸ $80\overline{)240}$

❹ $50\overline{)350}$

❺ $60\overline{)120}$

❻ $20\overline{)160}$

❼ $50\overline{)100}$

❽ $70\overline{)350}$

❾ $30\overline{)180}$

❿ $60\overline{)360}$

⓫ $80\overline{)560}$

⓬ $70\overline{)420}$

⓭ $80\overline{)640}$

⓮ $30\overline{)210}$

⓯ $90\overline{)720}$

⑯ 250 ÷ 50

⑰ 300 ÷ 60

⑱ 160 ÷ 40

⑲ 150 ÷ 50

⑳ 270 ÷ 90

㉑ 360 ÷ 40

㉒ 140 ÷ 20

㉓ 490 ÷ 70

㉔ 280 ÷ 70

㉕ 280 ÷ 40

㉖ 200 ÷ 40

㉗ 120 ÷ 30

㉘ 320 ÷ 40

㉙ 400 ÷ 50

㉚ 810 ÷ 90

㉛ 480 ÷ 80

㉜ 540 ÷ 90

㉝ 450 ÷ 50

㉞ 630 ÷ 70

공부 끝!

맞힌 개수

/34개

부모님 확인

오늘의 숫자 **82**에 색칠하세요.

연산 놀이터

부모님 확인

총 41g의 초콜릿을 사려고 해.
계산대 위에 무게에 맞게 초콜릿들을 그려 줘.

05

(두 자리 수)÷(몇십)

이번에는 무엇을 배울까?

(몇백몇십)÷(몇십) | **(두 자리 수)÷(몇십)** | (세 자리 수)÷(몇십)

이렇게 지도해요!

❶ 먼저 설명해 주세요.

그림과 말로 풀어낸 (두 자리 수)÷(몇십) 내용을 아이와 함께 따라 읽어 보면서, 나누는 수가 몇십일 때 적절한 몫을 구하는 방법은 나누는 수가 한 자리 수일 때와 동일하다는 것을 이해합니다.

❷ 수를 이해하며 계산해요.

설명과 이어지는 그림을 이용하여 Day19에서 재미있게 문제를 풉니다.

❸ 충분히 연습해요.

Day20 ~ Day23의 문제 풀이를 통해 나눗셈에서 (나누는 수)×(몫)의 값과 나머지의 크기가 갖는 의미를 이해합니다.

스스로 계획을 세워요!

	공부할 날짜	목표 시간	복습할 날짜
Day 19 / 48	월 / 일	분 / 16개	월 / 일
Day 20 / 48	월 / 일	분 / 23개	월 / 일
Day 21 / 48	월 / 일	분 / 25개	월 / 일
Day 22 / 48	월 / 일	분 / 33개	월 / 일
Day 23 / 48	월 / 일	분 / 34개	월 / 일

선생님의 칠판

(두 자리 수) ÷ (몇십)은 어떻게 계산할까?

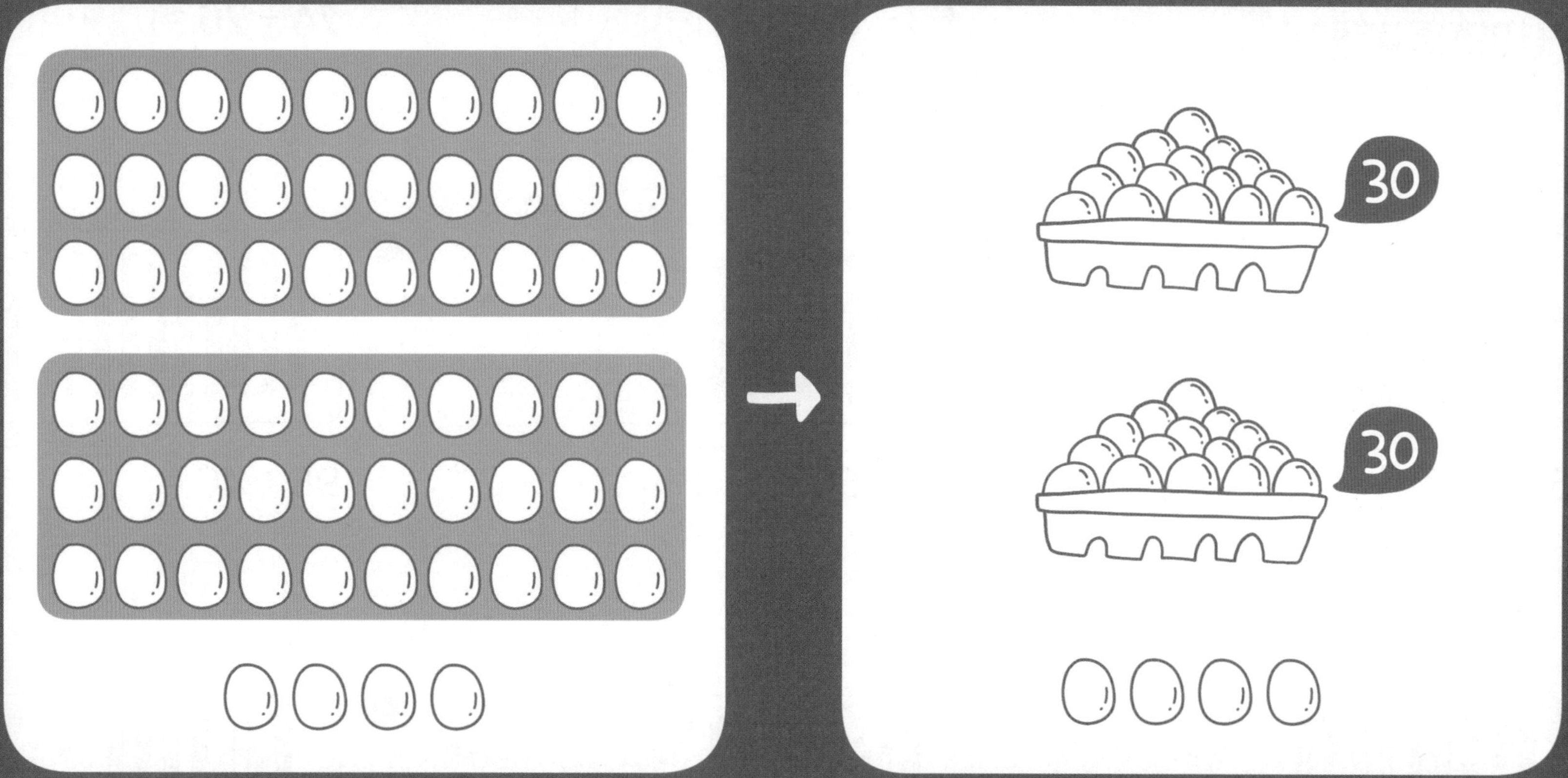

64개를 30개씩 묶으면
2묶음이 되고 4개가 남아.

즉, 64 ÷ 30의 몫은 2고
남은 4가 나머지가 되는 거지.

Day 19

수 모형을 나눗셈의 나누는 수만큼씩 묶어서 몫과 나머지를 구해 봐.

❶
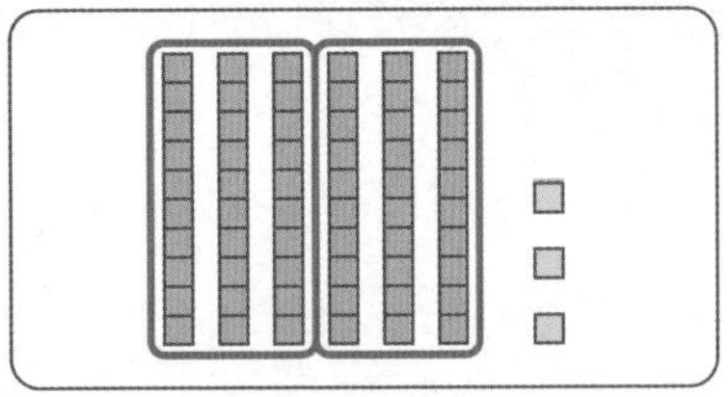

63 ÷ 30 = ☐ … ☐

❷
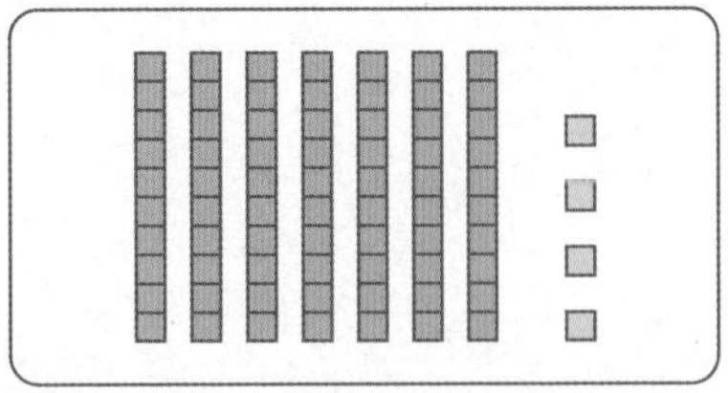

74 ÷ 20 = ☐ … ☐

❸
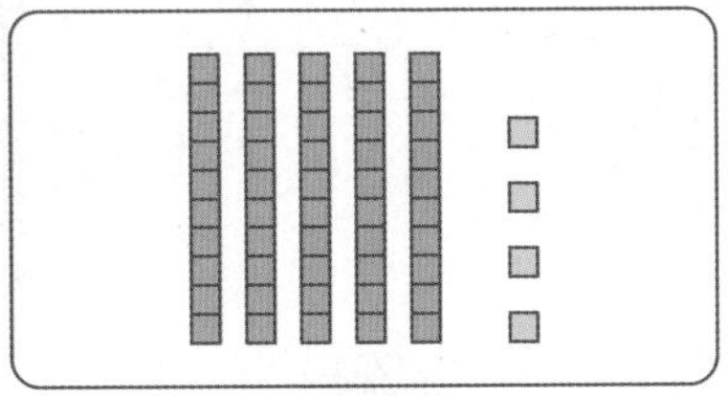

54 ÷ 20 = ☐ … ☐

❹
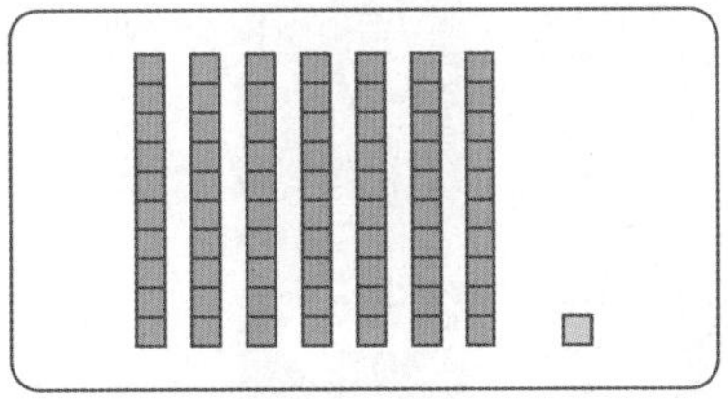

71 ÷ 50 = ☐ … ☐

❺
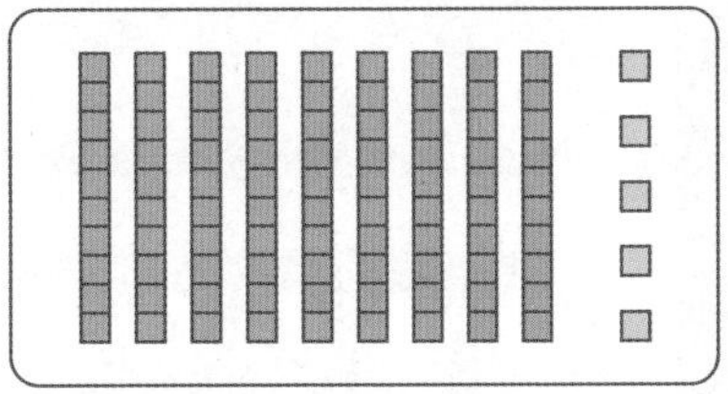

95 ÷ 40 = ☐ … ☐

❻
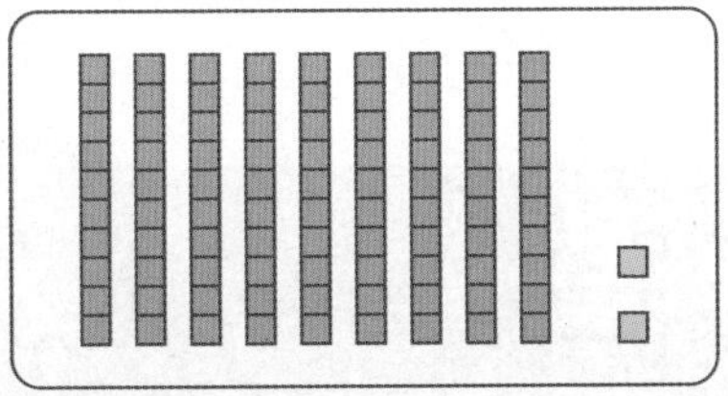

92 ÷ 30 = ☐ … ☐

❼
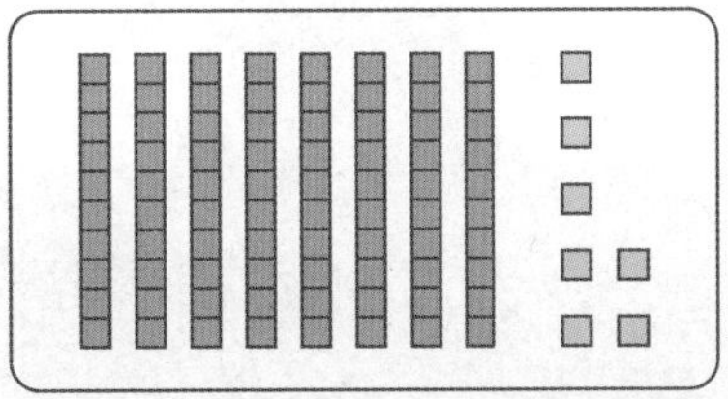

87 ÷ 20 = ☐ … ☐

❽
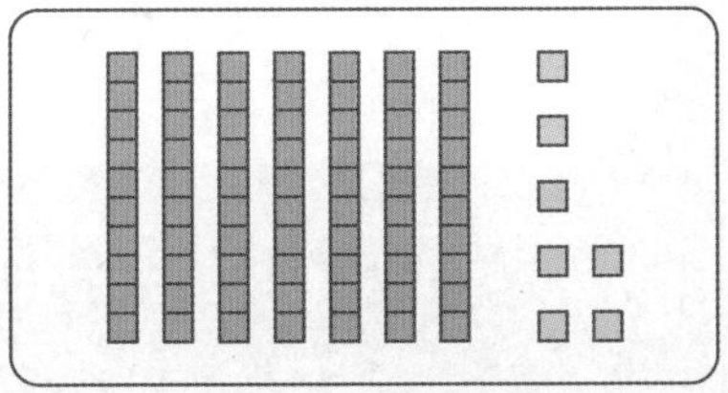

77 ÷ 30 = ☐ … ☐

9

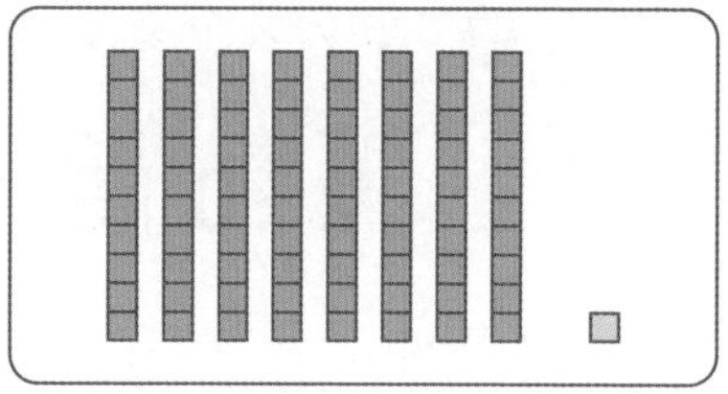

81 ÷ 30 = ☐ ··· ☐

10

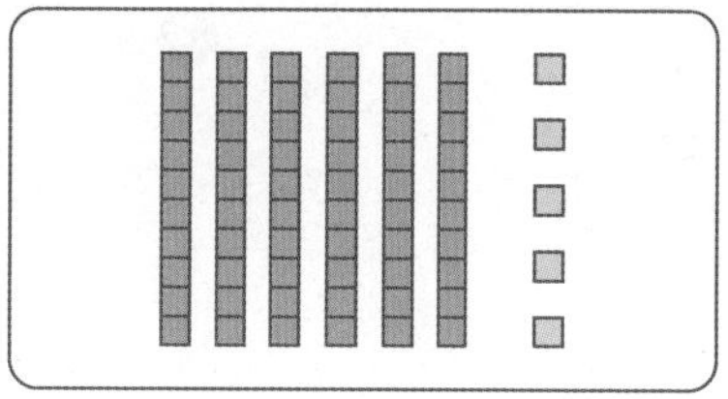

65 ÷ 20 = ☐ ··· ☐

11

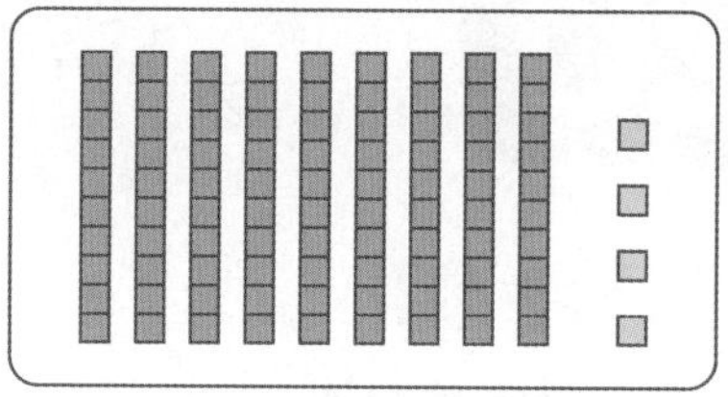

94 ÷ 50 = ☐ ··· ☐

12

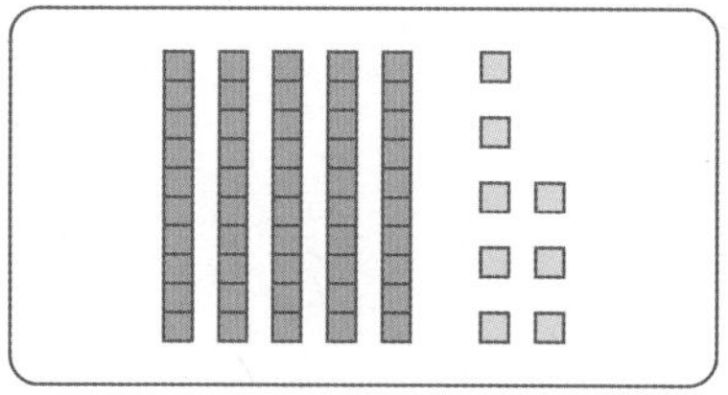

58 ÷ 40 = ☐ ··· ☐

13

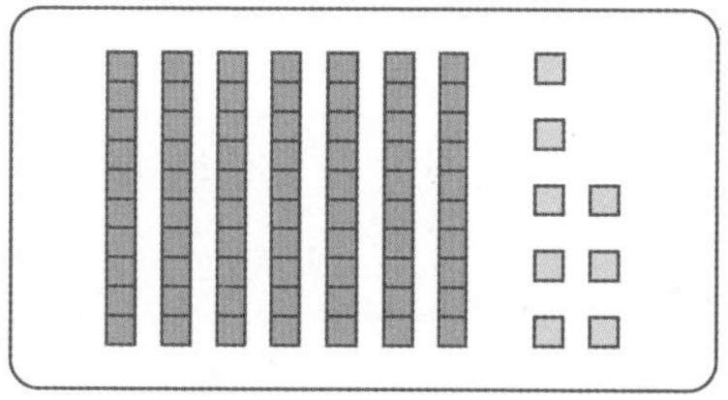

78 ÷ 40 = ☐ ··· ☐

14

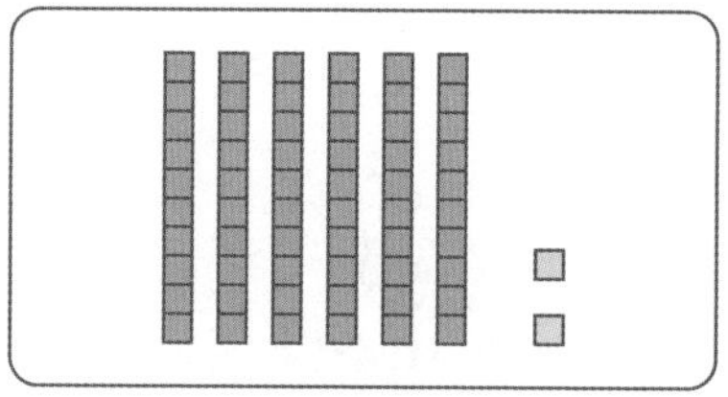

62 ÷ 20 = ☐ ··· ☐

15

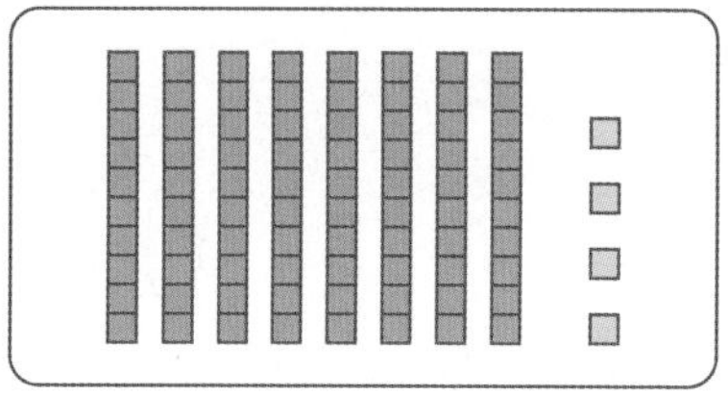

84 ÷ 50 = ☐ ··· ☐

16

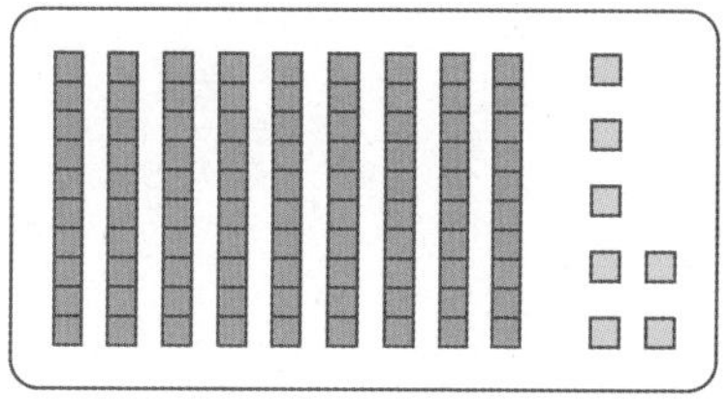

97 ÷ 20 = ☐ ··· ☐

공부 끝!

맞힌 개수 /16개

부모님 확인

오늘의 숫자 **73**에 색칠하세요.

Day 20

몫은 나누는 수가 나누어지는 수에 몇 번 들어가는지를 생각하면 돼.

85÷20의 몫과 나머지는?

20×3=60

20×4=80

20×5=100

↓

			4 (몫)
2	0	)8	5
		8	0
			5 (나머지)

85에는 20이 4번 들어가고
5가 남으니까
몫은 4, 나머지는 5야.

❶ 20)43

❷ 30)61

❸ 20)50

❹ 30)76

❺ 40)41

❻ 20)37

❼ 20)64

❽ 50)72

❾ 30)68

❿ 20)93

⓫ 70)89

⓬ 30)95

가로 셈은 세로 셈으로 바꿔서 하면 쉬워!

⑬ 34 ÷ 30 =

30)34

⑭ 66 ÷ 20 =

⑮ 27 ÷ 10 =

⑯ 55 ÷ 40 =

⑰ 40 ÷ 20 =

⑱ 75 ÷ 70 =

⑲ 98 ÷ 40 =

⑳ 38 ÷ 20 =

㉑ 88 ÷ 40 =

㉒ 64 ÷ 30 =

㉓ 73 ÷ 20 =

공부 끝!

맞힌 개수

/23개

부모님 확인

오늘의 숫자 **66**에 색칠하세요.

Day 21

(두 자리 수)÷(몇십)은 나누어지는 수를 몇십으로 어림하면 몫을 쉽게 찾을 수 있어.

❶ 20)32

❷ 30)98

❸ 20)48

❹ 30)70

❺ 50)74

❻ 20)51

❼ 30)35

❽ 60)66

❾ 20)79

❿ 40)67

⓫ 50)61

⓬ 80)86

⓭ 70)99

⓮ 20)94

⑮ $47 \div 20 =$

⑯ $30 \div 20 =$

⑰ $87 \div 30 =$

⑱ $68 \div 20 =$

⑲ $44 \div 30 =$

⑳ $57 \div 20 =$

㉑ $72 \div 30 =$

㉒ $85 \div 40 =$

㉓ $96 \div 40 =$

㉔ $79 \div 30 =$

㉕ $65 \div 40 =$

공부 끝!

맞힌 개수 /25개

부모님 확인

오늘의 숫자 **54**에 색칠하세요.

Day 22

(나누는 수)×(몫)의 값은 나누어지는 수보다 작거나 같아야 해.

❶ $20\overline{)31}$

❷ $20\overline{)56}$

❸ $30\overline{)37}$

❹ $20\overline{)82}$

❺ $30\overline{)47}$

❻ $70\overline{)77}$

❼ $20\overline{)42}$

❽ $50\overline{)80}$

❾ $30\overline{)73}$

❿ $30\overline{)91}$

⓫ $30\overline{)69}$

⓬ $20\overline{)75}$

⓭ $50\overline{)59}$

⓮ $60\overline{)95}$

⑮ $25 \div 20$

⑯ $58 \div 20$

⑰ $82 \div 40$

⑱ $49 \div 40$

⑲ $65 \div 60$

⑳ $36 \div 20$

㉑ $41 \div 20$

㉒ $62 \div 30$

㉓ $53 \div 40$

㉔ $71 \div 30$

㉕ $53 \div 20$

㉖ $48 \div 30$

㉗ $90 \div 30$

㉘ $38 \div 30$

㉙ $94 \div 60$

㉚ $83 \div 20$

㉛ $88 \div 30$

㉜ $93 \div 50$

㉝ $72 \div 40$

공부 끝!

맞힌 개수 /33개

부모님 확인

오늘의 숫자 **45**에 색칠하세요.

Day 23

나머지는 아무리 크더라도 나누는 수보다 작아야 해.

❶ $30\overline{)32}$

❷ $40\overline{)43}$

❸ $20\overline{)46}$

❹ $30\overline{)54}$

❺ $50\overline{)86}$

❻ $20\overline{)61}$

❼ $30\overline{)66}$

❽ $20\overline{)89}$

❾ $30\overline{)57}$

❿ $50\overline{)69}$

⓫ $80\overline{)90}$

⓬ $30\overline{)97}$

⓭ $20\overline{)59}$

⓮ $40\overline{)99}$

⓯ $50\overline{)73}$

⑯ 51 ÷ 30

⑰ 72 ÷ 30

⑱ 46 ÷ 20

⑲ 39 ÷ 30

⑳ 45 ÷ 30

㉑ 63 ÷ 60

㉒ 33 ÷ 20

㉓ 55 ÷ 20

㉔ 78 ÷ 20

㉕ 80 ÷ 40

㉖ 60 ÷ 30

㉗ 93 ÷ 40

㉘ 67 ÷ 30

㉙ 76 ÷ 40

㉚ 91 ÷ 20

㉛ 85 ÷ 30

㉜ 96 ÷ 90

㉝ 84 ÷ 20

㉞ 59 ÷ 40

공부 끝!

맞힌 개수

/34개

부모님 확인

오늘의 숫자 **32**에 색칠하세요.

연산 놀이터

몫과 나머지가 같은 연잎만 밟을 수 있어.
친구 개구리에게 가는 길을 알려 줘.

부모님 확인

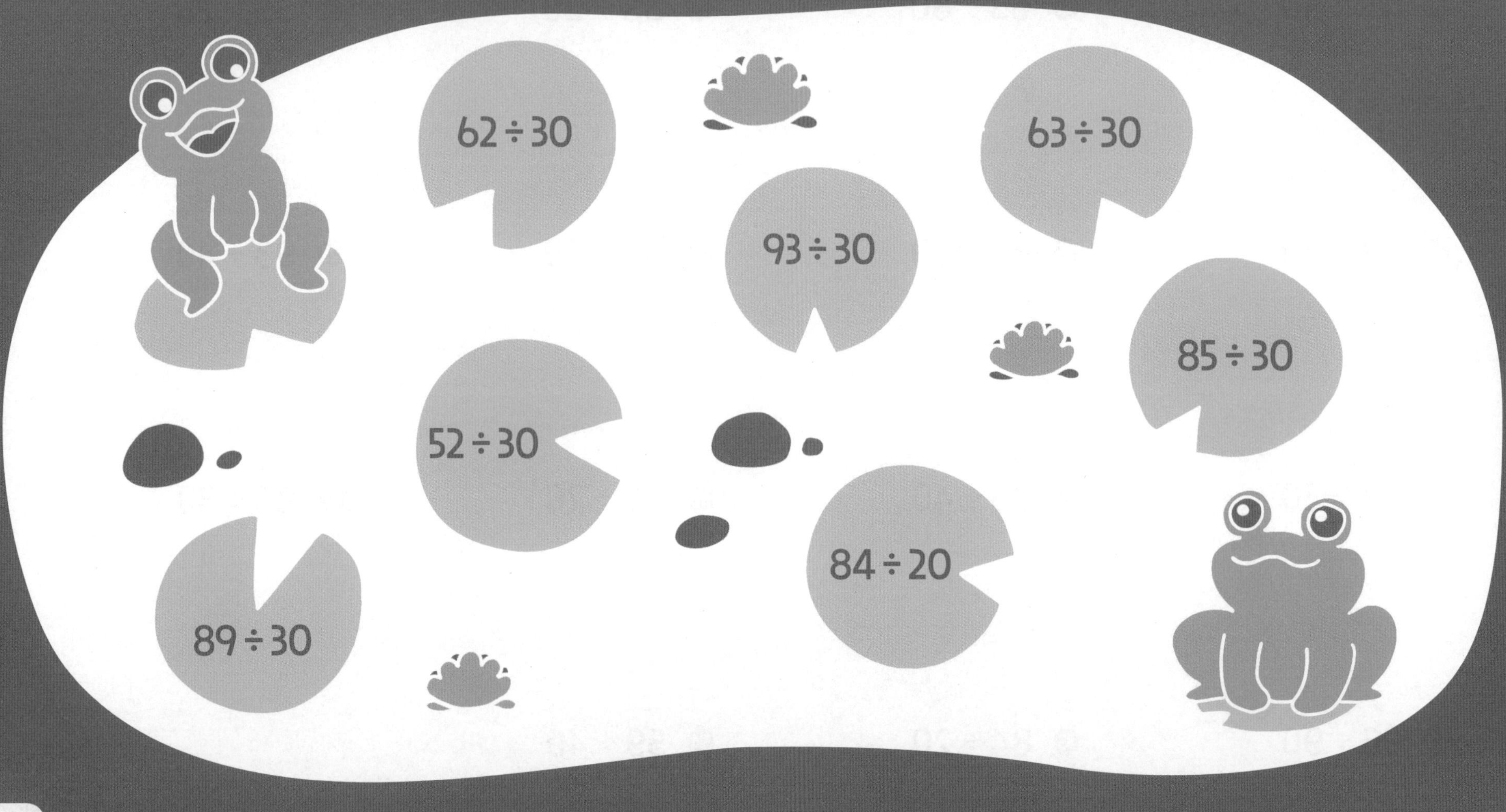

06

(세 자리 수)÷(몇십)

이번에는 무엇을 배울까?

(두 자리 수)÷(몇십)

(세 자리 수)÷(몇십)

(두 자리 수)÷(두 자리 수)

이렇게 지도해요!

❶ 먼저 설명해 주세요.

그림과 말로 풀어낸 (세 자리 수)÷(몇십) 내용을 아이와 함께 따라 읽어 보면서, 나누어지는 수가 세 자리 수일 때 몫을 구하는 방법은 두 자리 수일 때와 동일하다는 것을 이해합니다.

❷ 수를 이해하며 계산해요.

설명과 이어지는 그림을 이용하여 Day24에서 재미있게 문제를 풉니다.

❸ 충분히 연습해요.

Day25 ~ Day29의 문제 풀이를 통해 나누는 수가 두 자리 수인 나눗셈의 기초를 충분히 다져, 이후 학습할 '나누는 수가 몇십몇인 나눗셈'의 학습을 준비합니다.

스스로 계획을 세워요!

	공부할 날짜	목표 시간	복습할 날짜
Day 24 (48)	월 / 일	분 / 14개	월 / 일
Day 25 (48)	월 / 일	분 / 18개	월 / 일
Day 26 (48)	월 / 일	분 / 19개	월 / 일
Day 27 (48)	월 / 일	분 / 28개	월 / 일
Day 28 (48)	월 / 일	분 / 28개	월 / 일
Day 29 (48)	월 / 일	분 / 29개	월 / 일

선생님의 칠판

(세 자리 수) ÷ (몇십)은 어떻게 계산할까?

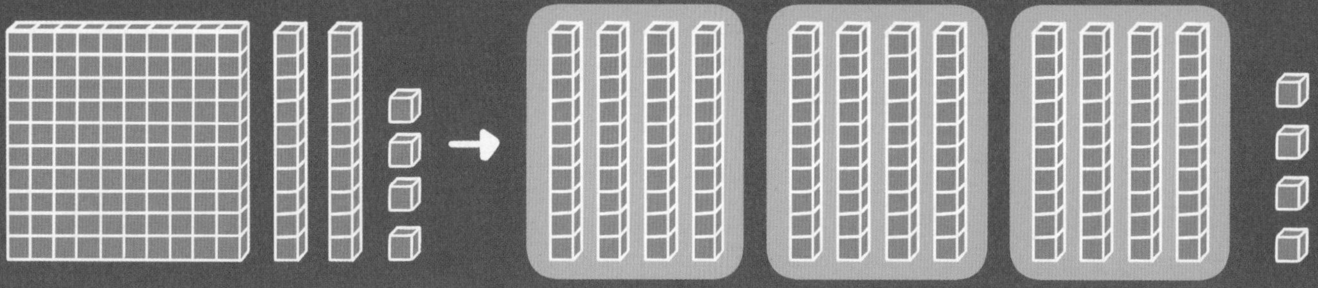

$$124 \div 40 = 3 \cdots 4$$

124를 40씩 묶으면 3묶음이 되고 4가 남아.

```
        3  (몫)
    ------
40 ) 1 2 4
     1 2 0   ← 40 × 3
    ------
         4   ← 124 − 120 (나머지)
```

Day 24

수 모형을 나눗셈의 나누는 수만큼씩 묶어서 몫과 나머지를 구해 봐.

❶
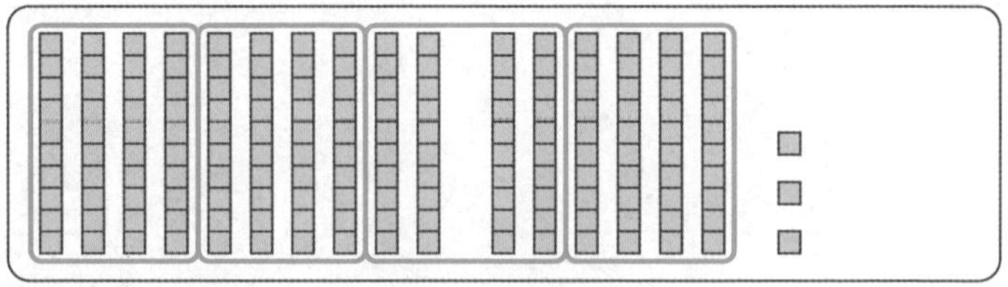

163 ÷ 40 = □ ··· □

❷
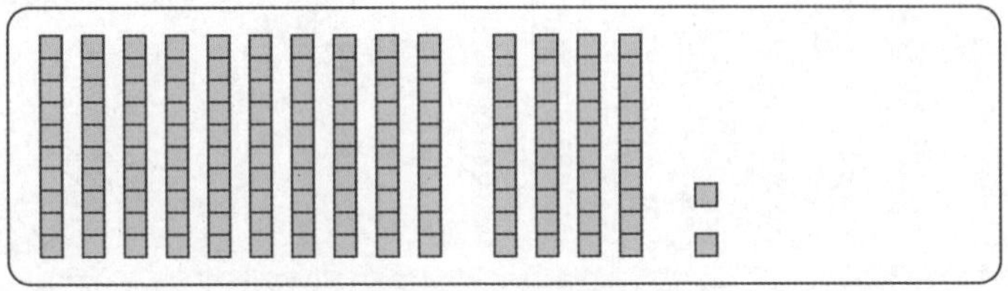

142 ÷ 20 = □ ··· □

❸
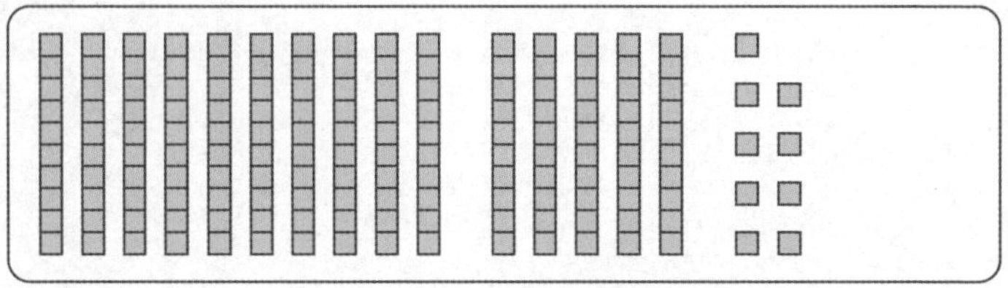

159 ÷ 30 = □ ··· □

❹
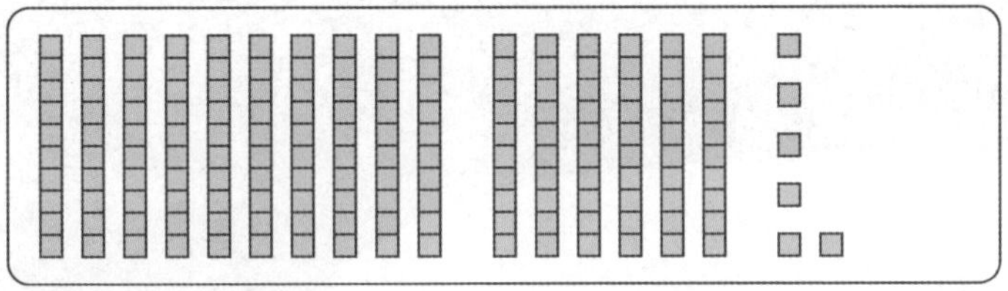

166 ÷ 50 = □ ··· □

❺
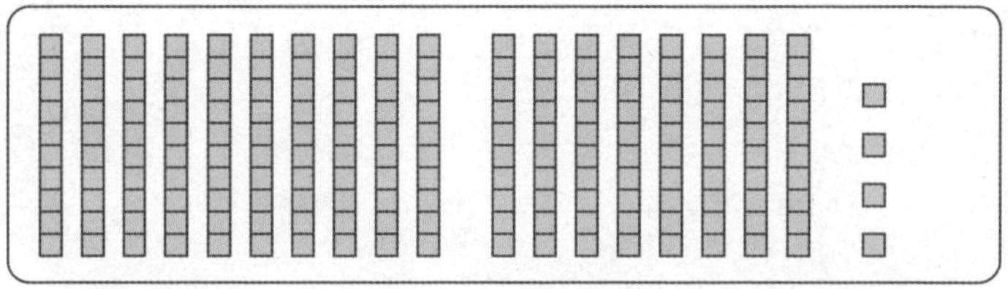

184 ÷ 90 = □ ··· □

❻
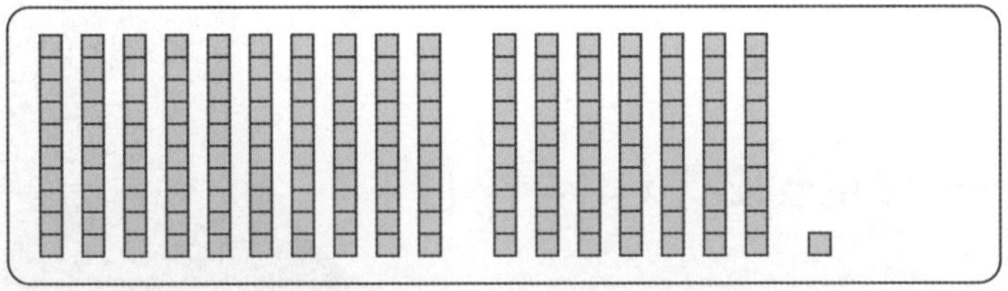

171 ÷ 80 = □ ··· □

❼
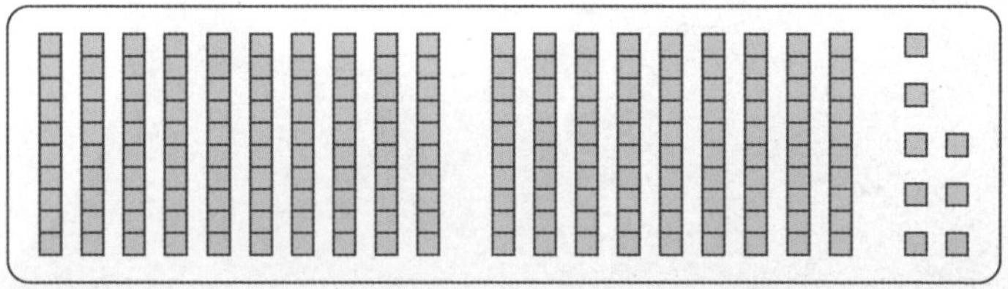

198 ÷ 60 = □ ··· □

❽

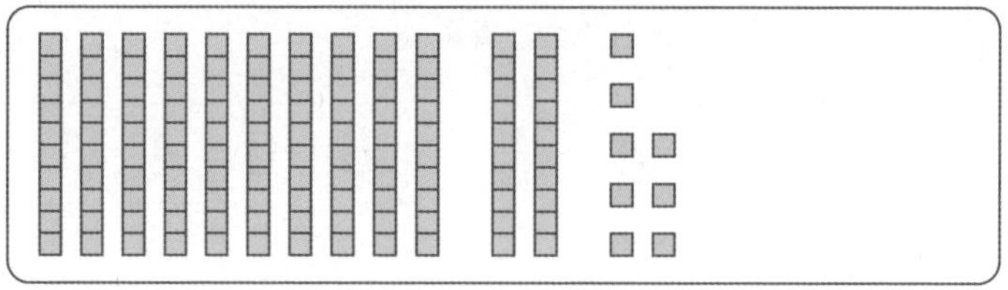

128 ÷ 50 = ☐ ··· ☐

❾

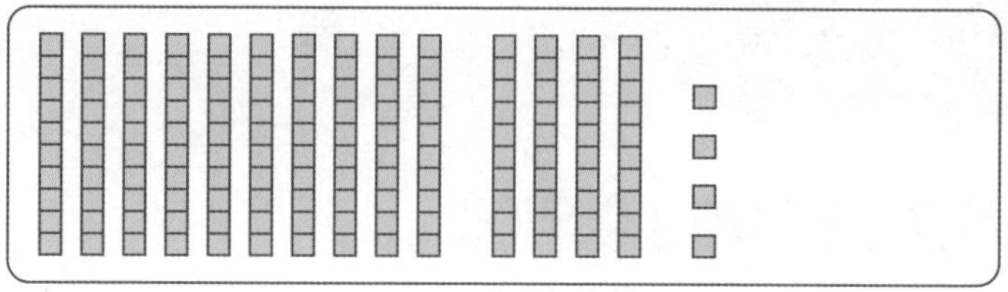

144 ÷ 30 = ☐ ··· ☐

❿

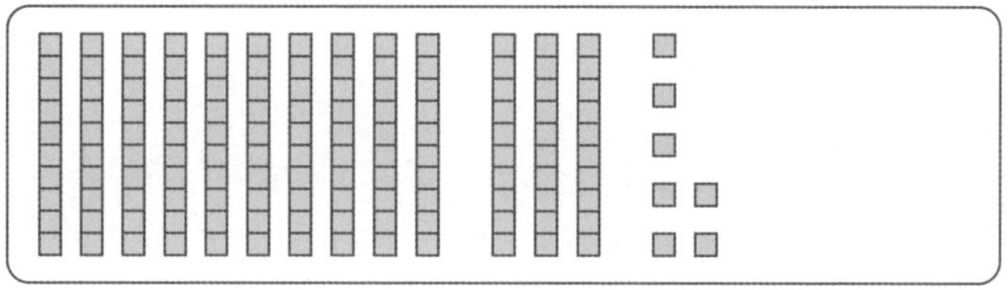

137 ÷ 20 = ☐ ··· ☐

⓫

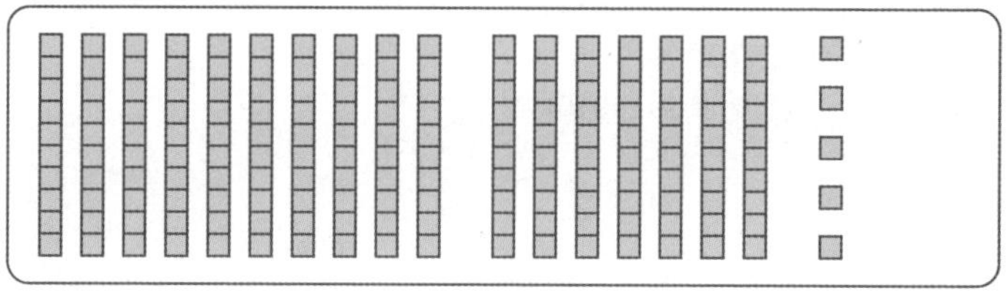

175 ÷ 70 = ☐ ··· ☐

⓬

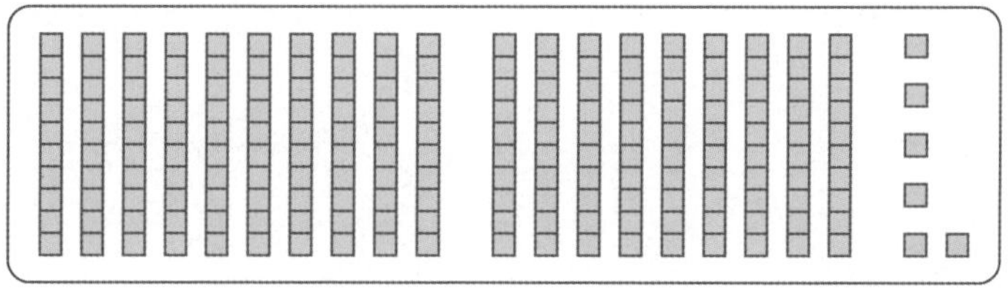

196 ÷ 90 = ☐ ··· ☐

⓭

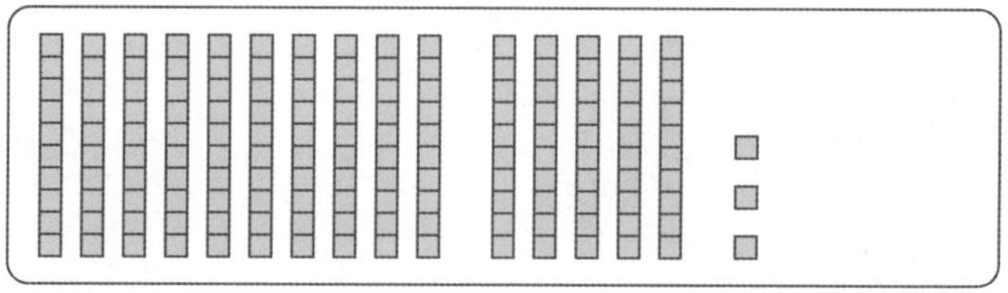

153 ÷ 60 = ☐ ··· ☐

⓮

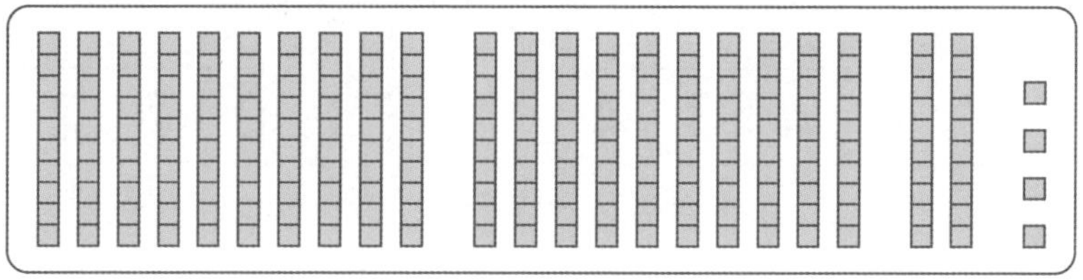

224 ÷ 40 = ☐ ··· ☐

월	일	/10 분

Day 25

몫은 나누어지는 수 위에 자리를 맞춰 써야 해.

124÷20의 몫은
20×6=120이므로 6이야.

				6
2	0	1	2	4
		1	2	0
				4

나누어지는 수가 세 자리 수여도
몫은 자리를 맞춰
나누어지는 수 위에 쓰면 돼.

❶ 30)189

❷ 50)234

❸ 60)411

❹ 40)308

❺ 60)556

❻ 70)346

❼ 60)313

❽ 90)664

❾ 70)434

❿ 80)726

가로 셈은 세로 셈으로 바꿔서 하면 쉬워!

⑪ 115 ÷ 20 =

2	0	) 1	1	5

⑫ 391 ÷ 40 =

⑬ 144 ÷ 40 =

⑭ 235 ÷ 30 =

⑮ 542 ÷ 70 =

⑯ 485 ÷ 60 =

⑰ 765 ÷ 80 =

⑱ 658 ÷ 70 =

공부 끝!

맞힌 개수

/18개

부모님 확인

오늘의 숫자 **33**에 색칠하세요.

Day 26

몫을 구하기 어렵다면 나누어지는 수를 몇백몇십으로 어림해서 생각해 봐.

❶ $104 \div 50$ (50)104)

❷ $256 \div 60$ (60)256)

❸ $312 \div 70$ (70)312)

❹ $354 \div 40$ (40)354)

❺ $636 \div 80$ (80)636)

❻ $624 \div 70$ (70)624)

❼ $492 \div 60$ (60)492)

❽ $463 \div 50$ (50)463)

❾ $765 \div 90$ (90)765)

❿ $503 \div 80$ (80)503)

⓫ $800 \div 90$ (90)800)

⑫ 154 ÷ 30 =

⑬ 263 ÷ 50 =

⑭ 341 ÷ 60 =

⑮ 306 ÷ 70 =

⑯ 475 ÷ 90 =

⑰ 617 ÷ 80 =

⑱ 552 ÷ 90 =

⑲ 771 ÷ 80 =

공부 끝!

맞힌 개수 /19개

부모님 확인

오늘의 숫자 **20**에 색칠하세요.

월 일 /16 분

Day 27

(세 자리 수)÷(몇십)은 나누어지는 수의 앞의 두 자리를 먼저 생각해야 해.

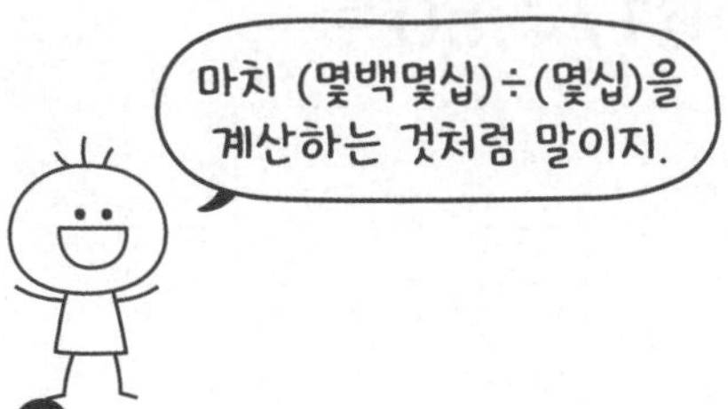

❶ $20\overline{)153}$

❷ $30\overline{)181}$

❸ $40\overline{)215}$

❹ $50\overline{)348}$

❺ $80\overline{)264}$

❻ $50\overline{)214}$

❼ $50\overline{)439}$

❽ $80\overline{)672}$

❾ $70\overline{)509}$

❿ $90\overline{)574}$

⓫ $70\overline{)664}$

⓬ $60\overline{)465}$

⓭ $90\overline{)741}$

⓮ $90\overline{)864}$

⑮ $285 \div 40$

⑯ $172 \div 20$

⑰ $471 \div 80$

⑱ $318 \div 80$

⑲ $641 \div 90$

⑳ $587 \div 80$

㉑ $525 \div 70$

㉒ $428 \div 50$

㉓ $343 \div 40$

㉔ $339 \div 70$

㉕ $878 \div 90$

㉖ $652 \div 80$

㉗ $480 \div 70$

㉘ $746 \div 90$

공부 끝!

맞힌 개수

/28개

부모님 확인

오늘의 숫자 **19**에 색칠하세요.

Day 28

(나누는 수)×(몫)은 나누어지는 수보다 작거나 같다는 사실을 잊지 말자.

❶ $30\overline{)145}$

❷ $20\overline{)193}$

❸ $80\overline{)204}$

❹ $40\overline{)268}$

❺ $40\overline{)319}$

❻ $70\overline{)620}$

❼ $60\overline{)415}$

❽ $90\overline{)294}$

❾ $80\overline{)486}$

❿ $70\overline{)557}$

⓫ $60\overline{)571}$

⓬ $50\overline{)376}$

⓭ $80\overline{)713}$

⓮ $90\overline{)826}$

⑮ $303 \div 70$

⑯ $325 \div 60$

⑰ $472 \div 90$

⑱ $106 \div 30$

⑲ $492 \div 80$

⑳ $560 \div 60$

㉑ $789 \div 80$

㉒ $198 \div 60$

㉓ $276 \div 90$

㉔ $364 \div 80$

㉕ $661 \div 90$

㉖ $297 \div 70$

㉗ $816 \div 90$

㉘ $456 \div 70$

공부 끝!

맞힌 개수

/28개

부모님 확인

오늘의 숫자 **13**에 색칠하세요.

Day 29

나누어지는 수가 커져도 몇십으로 나누는 방법은 다르지 않아.

❶ $30\overline{)148}$

❷ $50\overline{)182}$

❸ $40\overline{)212}$

❹ $40\overline{)382}$

❺ $70\overline{)259}$

❻ $60\overline{)374}$

❼ $40\overline{)357}$

❽ $90\overline{)420}$

❾ $50\overline{)437}$

❿ $90\overline{)496}$

⓫ $60\overline{)502}$

⓬ $90\overline{)889}$

⓭ $80\overline{)642}$

⓮ $80\overline{)739}$

⓯ $70\overline{)619}$

⑯ $156 \div 70$

⑰ $225 \div 50$

⑱ $378 \div 80$

⑲ $568 \div 60$

⑳ $329 \div 70$

㉑ $406 \div 60$

㉒ $335 \div 50$

㉓ $161 \div 40$

㉔ $517 \div 80$

㉕ $603 \div 70$

㉖ $422 \div 80$

㉗ $754 \div 90$

㉘ $850 \div 90$

㉙ $674 \div 90$

공부 끝!

맞힌 개수

/29개

부모님 확인

오늘의 숫자 **18**에 색칠하세요.

부모님 확인

연산 놀이터

몫이 작은 재료부터 빵 위에 올릴 수 있어.
어떤 햄버거가 완성될지 오른쪽에 그려 보자!

<햄버거 재료>

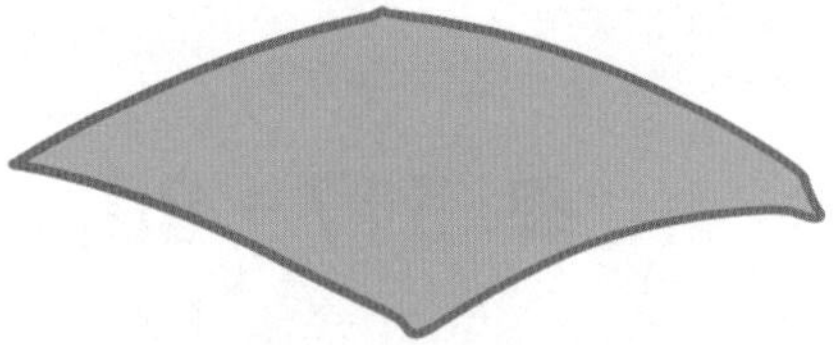

치즈: 159 ÷ 30

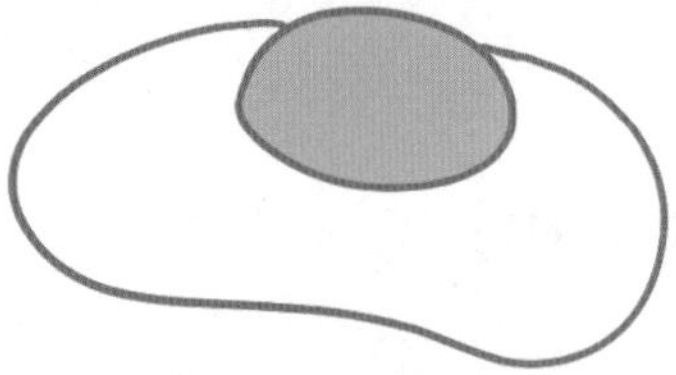

계란: 152 ÷ 50

양상추: 164 ÷ 40

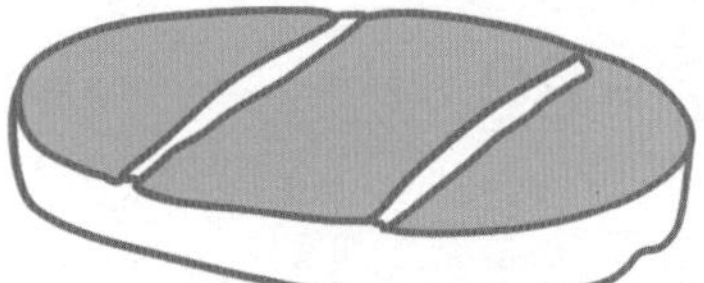

고기: 181 ÷ 90

07

(두 자리 수)÷(두 자리 수)

이번에는 무엇을 배울까?

(세 자리 수)÷(몇십)

(두 자리 수)÷(두 자리 수)

몫이 한 자리 수인
(세 자리 수)÷(두 자리 수)

이렇게 지도해요!

❶ 먼저 설명해 주세요.

그림과 말로 풀어낸 (두 자리 수)÷(두 자리 수) 내용을 아이와 함께 따라 읽어 보면서, 나누는 수가 두 자리 수일 때도 나눗셈의 기본적인 방법은 동일함을 이해합니다.

❷ 수를 이해하며 계산해요.

설명과 이어지는 그림을 이용하여 Day30에서 재미있게 문제를 풉니다.

❸ 충분히 연습해요.

Day31 ~ Day35의 문제 풀이를 통해 나누는 수를 몇십으로 어림해 적절한 몫을 구하여 정확하게 나눗셈을 하고, 검산을 통해 이를 확인하는 과정을 다뤄 봅니다.

스스로 계획을 세워요!

	공부할 날짜	목표 시간	복습할 날짜
Day 30/48	월 / 일	분 / 15개	월 / 일
Day 31/48	월 / 일	분 / 24개	월 / 일
Day 32/48	월 / 일	분 / 34개	월 / 일
Day 33/48	월 / 일	분 / 34개	월 / 일
Day 34/48	월 / 일	분 / 34개	월 / 일
Day 35/48	월 / 일	분 / 15개	월 / 일

선생님의 칠판

(두 자리 수) ÷ (두 자리 수)는 어떻게 계산할까?

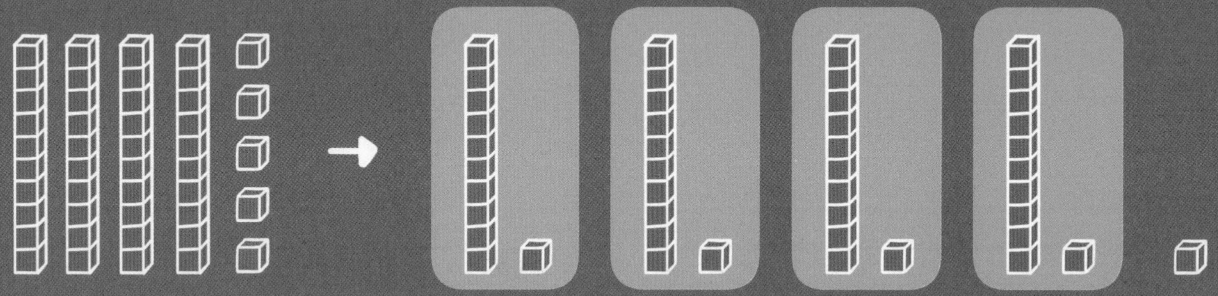

$$45 \div 11 = 4 \cdots 1$$

45를 11씩 묶으면 4묶음이 되고 1이 남아.

```
      4   (몫)
   ┌────
11 ) 4 5
     4 4   ← 11 × 4
   ─────
       1   ← 45 − 44 (나머지)
```

Day 30

수 모형을 나누는 수만큼씩 묶어서 그리면 몫과 나머지를 구할 수 있어.

❶

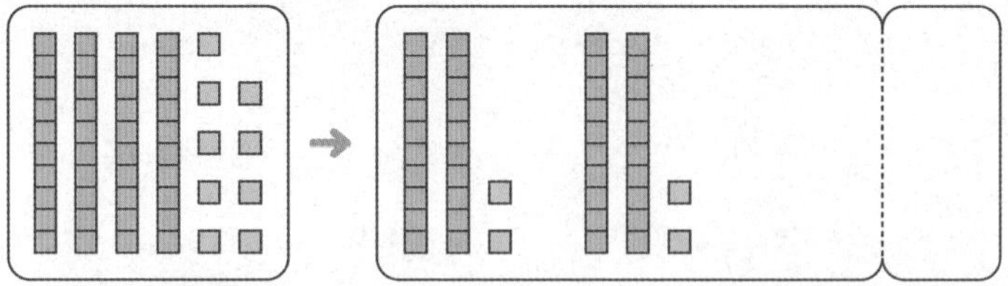

나머지는 몇이지?

49 ÷ 22 = ☐ ··· ☐

❷

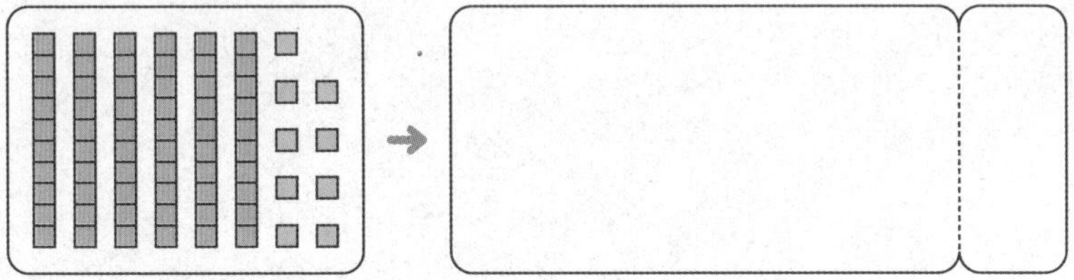

69 ÷ 21 = ☐ ··· ☐

❸

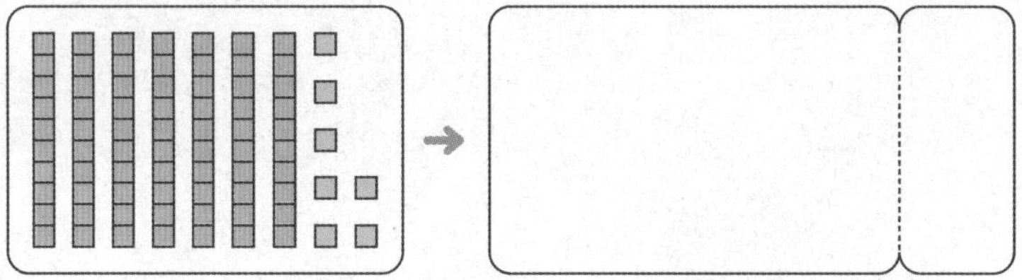

77 ÷ 33 = ☐ ··· ☐

❹

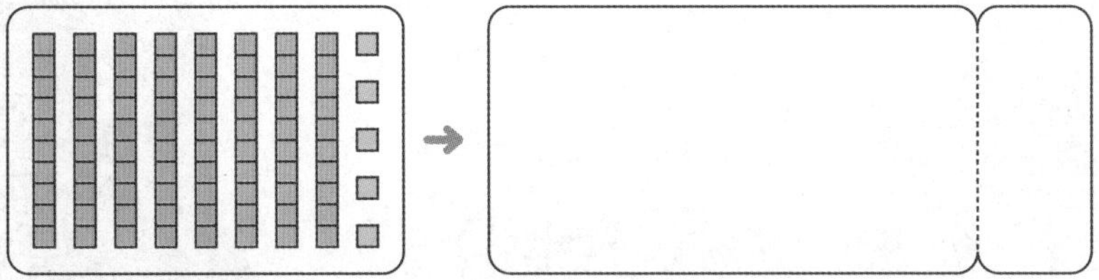

85 ÷ 42 = ☐ ··· ☐

❺

십 모형 1개는 일 모형 10개로 쪼갤 수 있는 것, 알지?

56 ÷ 12 = ☐ ··· ☐

곱셈식을 보고 적절한 몫을 찾아 나눗셈을 해 보자.

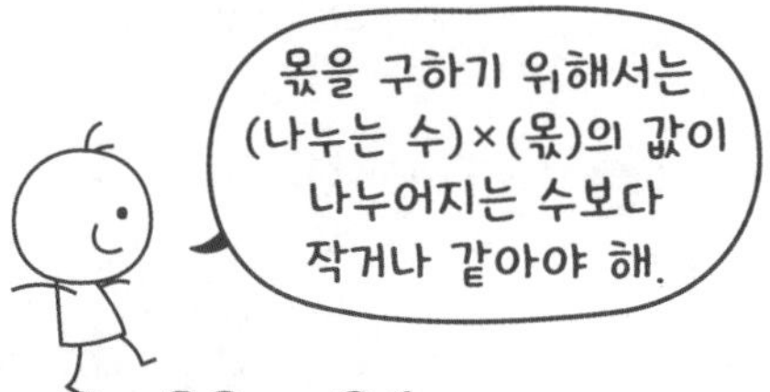

❻ $49 \div 12 =$

$12 \times 2 = 24$
$12 \times 3 = 36$
$12 \times ④ = 48$
$12 \times 5 = 60$

$$\begin{array}{r} 4 \\ 12\overline{)49} \\ \underline{48} \\ 1 \end{array}$$

❼ $58 \div 25 =$

$25 \times 1 = 25$
$25 \times 2 = 50$
$25 \times 3 = 75$
$25 \times 4 = 100$

❽ $39 \div 16 =$

$16 \times 1 = 16$
$16 \times 2 = 32$
$16 \times 3 = 48$
$16 \times 4 = 64$

❾ $63 \div 21 =$

$21 \times 1 = 21$
$21 \times 2 = 42$
$21 \times 3 = 63$
$21 \times 4 = 84$

❿ $82 \div 23 =$

$23 \times 2 = 46$
$23 \times 3 = 69$
$23 \times 4 = 92$
$23 \times 5 = 115$

⓫ $74 \div 14 =$

$14 \times 3 = 42$
$14 \times 4 = 56$
$14 \times 5 = 70$
$14 \times 6 = 84$

⓬ $55 \div 13 =$

$13 \times 3 = 39$
$13 \times 4 = 52$
$13 \times 5 = 65$
$13 \times 6 = 78$

⓭ $71 \div 15 =$

$15 \times 3 = 45$
$15 \times 4 = 60$
$15 \times 5 = 75$
$15 \times 6 = 90$

⓮ $68 \div 19 =$

$19 \times 1 = 19$
$19 \times 2 = 38$
$19 \times 3 = 57$
$19 \times 4 = 76$

⓯ $92 \div 16 =$

$16 \times 4 = 64$
$16 \times 5 = 80$
$16 \times 6 = 96$
$16 \times 7 = 112$

공부 끝!

맞힌 개수

/15개

부모님 확인

오늘의 숫자 **36**에 색칠하세요.

Day 31

나누는 수를 몇십으로 어림하면 몫을 예상하기 쉬워.

95÷23의 몫과 나머지는?

↑ 20으로 어림하면
20×4=80이고 20×5=100
이니까 몫은 4일 것 같아.

			4
2	3	) 9	5
		9	2
			3

19는 20에 가까우니까 20으로 어림해 볼까?

❶ 19)43

❷ 11)29

❸ 29)37

❹ 18)26

❺ 24)48

❻ 12)50

❼ 17)61

❽ 32)66

❾ 56)73

❿ 23)70

⓫ 53)86

⓬ 29)93

⓭ 41)77

가로 셈은 세로 셈으로 바꿔서 하면 쉬워!

⑭ $51 \div 21 =$

2	1	) 5	1

⑮ $17 \div 14 =$

⑯ $47 \div 17 =$

⑰ $28 \div 22 =$

⑱ $46 \div 38 =$

⑲ $38 \div 11 =$

⑳ $57 \div 24 =$

㉑ $78 \div 26 =$

㉒ $72 \div 32 =$

㉓ $67 \div 19 =$

㉔ $85 \div 21 =$

공부 끝!

맞힌 개수

/24개

부모님 확인

오늘의 숫자 **35**에 색칠하세요.

Day 32

몫이 적절하지 않다면 1만큼 키우거나 줄여서 다시 계산해 봐.

❶ $13\overline{)25}$

❷ $17\overline{)36}$

❸ $22\overline{)41}$

❹ $11\overline{)47}$

❺ $37\overline{)64}$

❻ $15\overline{)79}$

❼ $14\overline{)59}$

❽ $23\overline{)64}$

❾ $15\overline{)54}$

❿ $13\overline{)96}$

⓫ $16\overline{)74}$

⓬ $27\overline{)76}$

⓭ $11\overline{)88}$

⓮ $26\overline{)84}$

⓯ $12\overline{)94}$

⑯ $22 \div 19$

⑰ $35 \div 16$

⑱ $36 \div 13$

⑲ $29 \div 24$

⑳ $49 \div 16$

㉑ $53 \div 42$

㉒ $76 \div 26$

㉓ $40 \div 13$

㉔ $62 \div 15$

㉕ $45 \div 37$

㉖ $63 \div 27$

㉗ $75 \div 33$

㉘ $89 \div 24$

㉙ $58 \div 28$

㉚ $82 \div 31$

㉛ $94 \div 47$

㉜ $81 \div 18$

㉝ $97 \div 14$

㉞ $57 \div 14$

공부 끝!

맞힌 개수 /34개

부모님 확인

오늘의 숫자 **34**에 색칠하세요.

Day 33

나머지가 나누는 수보다
작은지 꼭 확인해야 해.

❶ $24\overline{)24}$

❷ $16\overline{)25}$

❸ $13\overline{)32}$

❹ $15\overline{)46}$

❺ $36\overline{)52}$

❻ $18\overline{)57}$

❼ $11\overline{)61}$

❽ $53\overline{)65}$

❾ $26\overline{)71}$

❿ $32\overline{)75}$

⓫ $17\overline{)80}$

⓬ $14\overline{)86}$

⓭ $25\overline{)90}$

⓮ $17\overline{)91}$

⓯ $19\overline{)98}$

⑯ 30 ÷ 16

⑰ 23 ÷ 14

⑱ 56 ÷ 26

⑲ 44 ÷ 17

⑳ 26 ÷ 12

㉑ 48 ÷ 34

㉒ 37 ÷ 14

㉓ 60 ÷ 15

㉔ 54 ÷ 23

㉕ 73 ÷ 19

㉖ 81 ÷ 24

㉗ 96 ÷ 33

㉘ 84 ÷ 27

㉙ 68 ÷ 34

㉚ 77 ÷ 13

㉛ 87 ÷ 35

㉜ 76 ÷ 25

㉝ 99 ÷ 48

㉞ 67 ÷ 25

공부 끝!

맞힌 개수

/34개

부모님 확인

오늘의 숫자 **44**에 색칠하세요.

Day 34

나눗셈에는 곱셈, 뺄셈이 모두 있어서 실수하지 않도록 조심해야 해.

❶ $15\overline{)31}$

❷ $14\overline{)44}$

❸ $13\overline{)49}$

❹ $22\overline{)51}$

❺ $31\overline{)70}$

❻ $29\overline{)56}$

❼ $18\overline{)63}$

❽ $43\overline{)62}$

❾ $26\overline{)95}$

❿ $19\overline{)78}$

⓫ $23\overline{)89}$

⓬ $28\overline{)85}$

⓭ $11\overline{)82}$

⓮ $38\overline{)94}$

⓯ $21\overline{)66}$

⑯ $41 \div 16$

⑰ $50 \div 25$

⑱ $34 \div 12$

⑲ $27 \div 13$

⑳ $46 \div 11$

㉑ $72 \div 47$

㉒ $69 \div 24$

㉓ $59 \div 12$

㉔ $60 \div 27$

㉕ $83 \div 36$

㉖ $54 \div 21$

㉗ $93 \div 35$

㉘ $74 \div 18$

㉙ $55 \div 17$

㉚ $97 \div 34$

㉛ $67 \div 11$

㉜ $92 \div 64$

㉝ $88 \div 42$

㉞ $79 \div 32$

공부 끝!

맞힌 개수 /34개

부모님 확인

오늘의 숫자 **43**에 색칠하세요.

Day 35

나눗셈은 계산 과정이 많기 때문에 몫과 나머지를 잘 구했는지 확인해야 해.

$34 \div 15 = 2 \cdots 4$

34÷15의 몫과 나머지를 잘 구했는지 확인하려면
❶ (나누는 수)×(몫)을 계산하고
❷ 그 값에 나머지를 더해서
나누어지는 수가 되는지를 확인하면 돼.

$$\begin{array}{r} 2 \\ 15\overline{)34} \\ \underline{30} \\ 4 \end{array}$$

← 15×2

확인 ❶ $15 \times 2 = 30$, ❷ $30 + 4 = 34$

몫 나머지 나누어지는 수 확인!

❶ $16 \div 13 =$

확인

❷ $23 \div 15 =$

확인

❸ $49 \div 23 =$

확인

❹ $58 \div 16 =$

확인

❺ $61 \div 26 =$

확인

❻ $79 \div 17 =$

확인

❼ $90 \div 37 =$

확인

❽ 28 ÷ 17 =

확인

❾ 39 ÷ 13 =

확인

❿ 65 ÷ 19 =

확인

⓫ 45 ÷ 22 =

확인

⓬ 81 ÷ 37 =

확인

⓭ 53 ÷ 11 =

확인

⓮ 74 ÷ 28 =

확인

⓯ 99 ÷ 39 =

확인

공부 끝!

맞힌 개수

/15개

부모님 확인

오늘의 숫자 **42**에 색칠하세요.

연산 놀이터

부모님 확인

꽃에는 몫, 잎에는 나머지가 쓰여 있어.
곤충들이 알맞은 꽃에 도착할 수 있도록 사다리 덩굴을 그려 볼까?

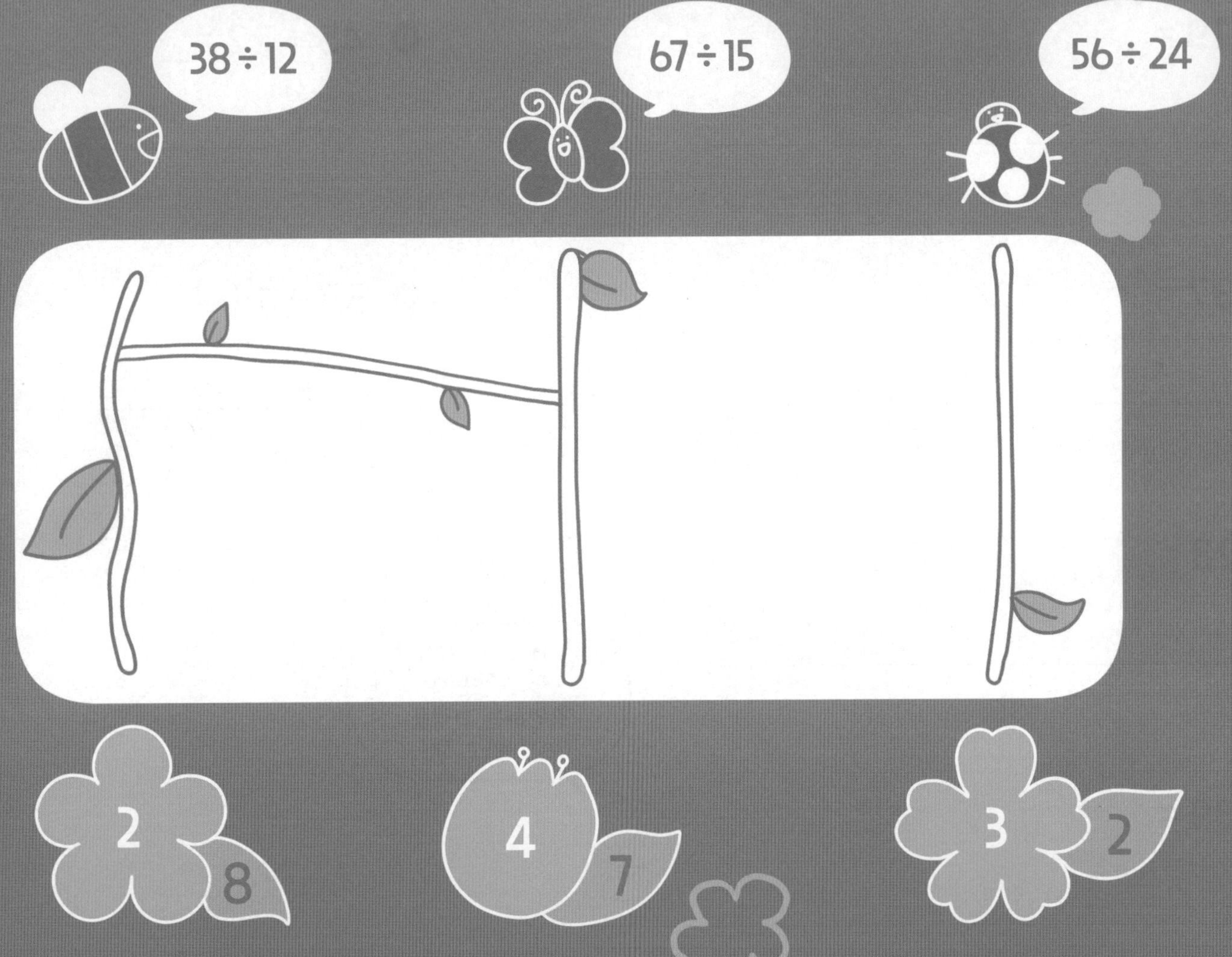

08

몫이 한 자리 수인 (세 자리 수)÷(두 자리 수)

이번에는 무엇을 배울까?

(두 자리 수)÷(두 자리 수)

몫이 한 자리 수인 (세 자리 수)÷(두 자리 수)

몫이 두 자리 수인 (세 자리 수)÷(두 자리 수)

이렇게 지도해요!

❶ **먼저 설명해 주세요.**

그림과 말로 풀어낸 몫이 한 자리 수인 (세 자리 수)÷(두 자리 수) 내용을 아이와 함께 따라 읽어 보면서, 자릿수가 늘어나도 나눗셈을 하는 방법은 다르지 않다는 것을 이해합니다.

❷ **수를 이해하며 계산해요.**

설명과 이어지는 그림을 이용하여 Day36에서 재미있게 문제를 풉니다.

❸ **충분히 연습해요.**

Day37 ~ Day41의 문제 풀이를 통해 나누는 수를 몇십으로 어림해 적절한 몫을 구하여 정확하게 나눗셈을 하고, 검산을 통해 이를 확인하는 과정을 충분히 다뤄 봅니다.

스스로 계획을 세워요!

	공부할 날짜	목표 시간	복습할 날짜
Day 36 / 48	월 / 일	분 / 15개	월 / 일
Day 37 / 48	월 / 일	분 / 18개	월 / 일
Day 38 / 48	월 / 일	분 / 29개	월 / 일
Day 39 / 48	월 / 일	분 / 29개	월 / 일
Day 40 / 48	월 / 일	분 / 29개	월 / 일
Day 41 / 48	월 / 일	분 / 16개	월 / 일

선생님의 칠판

(세 자리 수) ÷ (두 자리 수)는 어떻게 계산할까?

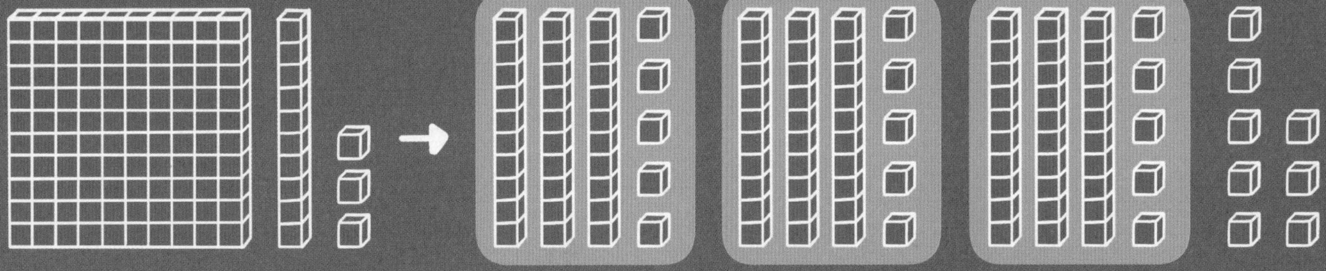

$$113 \div 35 = 3 \cdots 8$$

113을 35씩 묶으면 3묶음이 되고 8이 남아.

```
        3  (몫)
    ─────
35 ) 1 1 3
     1 0 5   ← 35 × 3
    ─────
         8   ← 113 − 105 (나머지)
```

Day 36

수 모형을 나누는 수만큼씩 묶어 그려서 몫과 나머지를 구해 보자.

❶

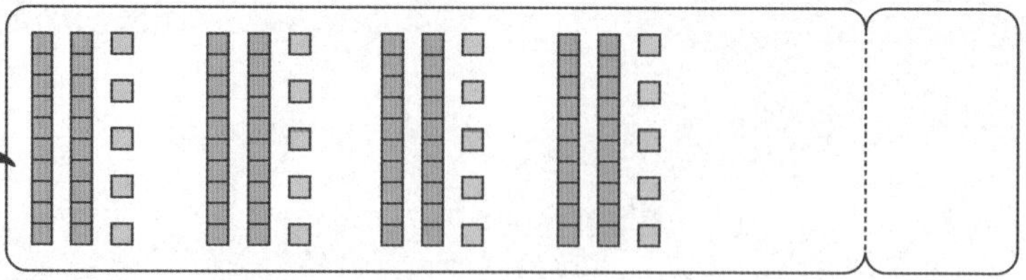

124 ÷ 25 = ☐ ··· ☐

❷

147 ÷ 63 = ☐ ··· ☐

❸

139 ÷ 43 = ☐ ··· ☐

❹

158 ÷ 32 = ☐ ··· ☐

❺

166 ÷ 51 = ☐ ··· ☐

적절한 몫을 찾아 나눗셈을 해 봐.

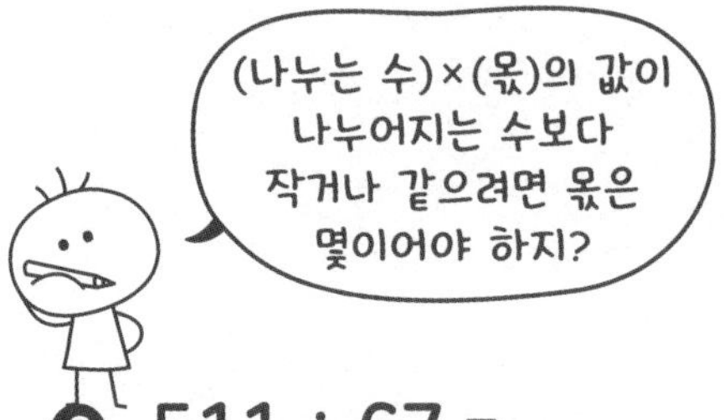

❻ 186 ÷ 48 =

48 × 1 = 48
48 × 2 = 96
48 × ③ = 144
48 × 4 = 192

$$\begin{array}{r} 3 \\ 48\overline{)186} \\ 144 \\ \hline 42 \end{array}$$

❼ 251 ÷ 62 =

62 × 3 = 186
62 × 4 = 248
62 × 5 = 310
62 × 6 = 372

❽ 378 ÷ 54 =

54 × 5 = 270
54 × 6 = 324
54 × 7 = 378
54 × 8 = 432

❾ 511 ÷ 67 =

67 × 5 = 355
67 × 6 = 402
67 × 7 = 469
67 × 8 = 536

❿ 617 ÷ 96 =

96 × 5 = 480
96 × 6 = 576
96 × 7 = 672
96 × 8 = 768

⓫ 479 ÷ 59 =

59 × 6 = 354
59 × 7 = 413
59 × 8 = 472
59 × 9 = 531

⓬ 214 ÷ 71 =

71 × 2 = 142
71 × 3 = 213
71 × 4 = 284
71 × 5 = 355

⓭ 456 ÷ 74 =

74 × 4 = 296
74 × 5 = 370
74 × 6 = 444
74 × 7 = 518

⓮ 579 ÷ 82 =

82 × 6 = 492
82 × 7 = 574
82 × 8 = 656
82 × 9 = 738

⓯ 708 ÷ 85 =

85 × 6 = 510
85 × 7 = 595
85 × 8 = 680
85 × 9 = 765

공부 끝!

맞힌 개수 / 15개

부모님 확인

오늘의 숫자 **58**에 색칠하세요.

Day 37

나누는 수를 몇십으로 어림하면 몫을 쉽게 예상할 수 있어.

135÷21의 몫과 나머지는?

↑

20으로 어림하면
20×6=120이고 20×7=140
이니까 몫은 6일 것 같아.

				6
2	1	1	3	5
		1	2	6
				9

❶ $52\overline{)192}$

❷ $44\overline{)220}$

❸ $61\overline{)248}$

❹ $41\overline{)395}$

❺ $59\overline{)589}$

❻ $83\overline{)716}$

❼ $63\overline{)607}$

❽ $98\overline{)676}$

❾ $87\overline{)783}$

❿ $73\overline{)561}$

가로 셈은 세로 셈으로 바꿔서 하면 쉬워!

⑪ 100 ÷ 23 =

2	3	) 1	0	0

⑫ 169 ÷ 27 =

⑬ 271 ÷ 65 =

⑭ 373 ÷ 82 =

⑮ 468 ÷ 78 =

⑯ 849 ÷ 93 =

⑰ 659 ÷ 88 =

⑱ 912 ÷ 94 =

공부 끝!

맞힌 개수 /18개

부모님 확인

오늘의 숫자 **79**에 색칠하세요.

Day 38

몫을 1만큼 키우거나 줄여서 적절한 몫을 찾아 봐.

❶ $43\overline{)151}$

❷ $66\overline{)345}$

❸ $52\overline{)260}$

❹ $38\overline{)322}$

❺ $75\overline{)496}$

❻ $95\overline{)449}$

❼ $86\overline{)226}$

❽ $56\overline{)485}$

❾ $83\overline{)357}$

❿ $75\overline{)600}$

⓫ $97\overline{)794}$

⓬ $94\overline{)689}$

⓭ $77\overline{)559}$

⓮ $68\overline{)666}$

⓯ $96\overline{)931}$

⑯ 146 ÷ 29

⑰ 243 ÷ 46

⑱ 434 ÷ 48

⑲ 364 ÷ 73

⑳ 492 ÷ 84

㉑ 272 ÷ 34

㉒ 520 ÷ 89

㉓ 623 ÷ 79

㉔ 451 ÷ 63

㉕ 736 ÷ 81

㉖ 573 ÷ 91

㉗ 678 ÷ 83

㉘ 814 ÷ 92

㉙ 752 ÷ 93

공부 끝!

맞힌 개수

/29개

부모님 확인

오늘의 숫자 **80**에 색칠하세요.

Day 39

나누어지는 수가 커져도
두 자리 수로 나누는 방법은
변하지 않아.

❶ $41 \overline{)167}$

❷ $23 \overline{)207}$

❸ $61 \overline{)597}$

❹ $64 \overline{)318}$

❺ $53 \overline{)463}$

❻ $47 \overline{)392}$

❼ $36 \overline{)121}$

❽ $97 \overline{)479}$

❾ $78 \overline{)566}$

❿ $51 \overline{)299}$

⓫ $49 \overline{)427}$

⓬ $87 \overline{)657}$

⓭ $91 \overline{)778}$

⓮ $89 \overline{)713}$

⓯ $98 \overline{)924}$

⑯ 284 ÷ 56

⑰ 307 ÷ 42

⑱ 179 ÷ 38

⑲ 440 ÷ 55

⑳ 661 ÷ 93

㉑ 524 ÷ 63

㉒ 333 ÷ 39

㉓ 642 ÷ 65

㉔ 481 ÷ 62

㉕ 654 ÷ 79

㉖ 541 ÷ 85

㉗ 724 ÷ 73

㉘ 946 ÷ 95

㉙ 785 ÷ 84

공부 끝!

맞힌 개수

/29개

부모님 확인

오늘의 숫자 **74**에 색칠하세요.

Day 40

자릿수가 늘어나도 나머지는 항상 나누는 수보다 작아.

❶ $25\overline{)188}$

❷ $31\overline{)196}$

❸ $47\overline{)237}$

❹ $35\overline{)279}$

❺ $85\overline{)825}$

❻ $58\overline{)372}$

❼ $86\overline{)400}$

❽ $64\overline{)537}$

❾ $76\overline{)684}$

❿ $92\overline{)578}$

⓫ $89\overline{)636}$

⓬ $72\overline{)555}$

⓭ $88\overline{)363}$

⓮ $83\overline{)799}$

⓯ $77\overline{)214}$

⑯ 405 ÷ 57

⑰ 292 ÷ 63

⑱ 514 ÷ 87

⑲ 137 ÷ 62

⑳ 399 ÷ 59

㉑ 621 ÷ 73

㉒ 749 ÷ 79

㉓ 583 ÷ 83

㉔ 359 ÷ 46

㉕ 647 ÷ 82

㉖ 417 ÷ 66

㉗ 916 ÷ 93

㉘ 592 ÷ 69

㉙ 728 ÷ 94

공부 끝!

맞힌 개수

/29개

부모님 확인

오늘의 숫자 **88**에 색칠하세요.

Day 41

나누어지는 수나 나누는 수가 바뀌어도 검산하는 방법은 변하지 않아.

$$102 \div 14 = 7 \cdots 4$$

102÷14의 몫과 나머지를 잘 구했는지 확인하려면
❶ (나누는 수)×(몫)을 계산하고
❷ 그 값에 나머지를 더해서 확인할 수 있어.

확인 ❶ $14 \times 7 = 98$, ❷ $98 + 4 = 102$

몫 / 나머지 / 나누어지는 수 확인!

$$\begin{array}{r} 7 \\ 14\overline{)102} \\ 98 \\ \hline 4 \end{array}$$
← 14×7

❶ $360 \div 59 =$

확인 ______

❷ $465 \div 64 =$

확인 ______

❸ $254 \div 45 =$

확인 ______

❹ $574 \div 66 =$

확인 ______

❺ $648 \div 67 =$

확인 ______

❻ $438 \div 91 =$

확인 ______

❼ $792 \div 88 =$

확인 ______

❽ 276 ÷ 57 =

확인

❾ 430 ÷ 86 =

확인

❿ 594 ÷ 84 =

확인

⓫ 339 ÷ 76 =

확인

⓬ 626 ÷ 99 =

확인

⓭ 195 ÷ 65 =

확인

⓮ 208 ÷ 75 =

확인

⓯ 711 ÷ 82 =

확인

⓰ 940 ÷ 96 =

확인

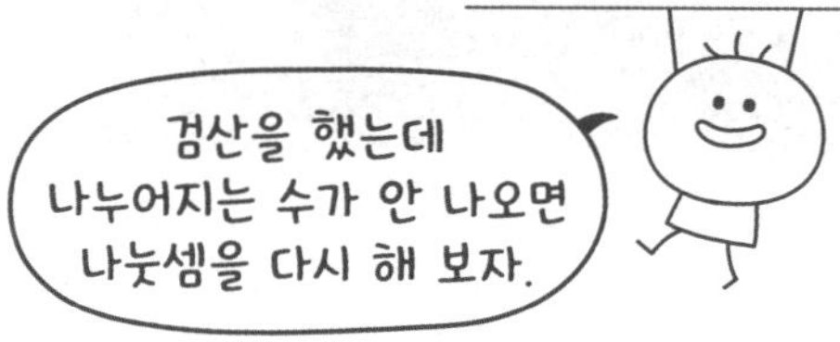

공부 끝!

맞힌 개수

/16개

부모님 확인

오늘의 숫자 **89**에 색칠하세요.

연산 놀이터

몫에 따라 이동하려고 해. 도착하는 곳은 어딜까?

부모님 확인

몫 6 ↑ 몫 8 →

몫 7 ↓ 몫 9 ←

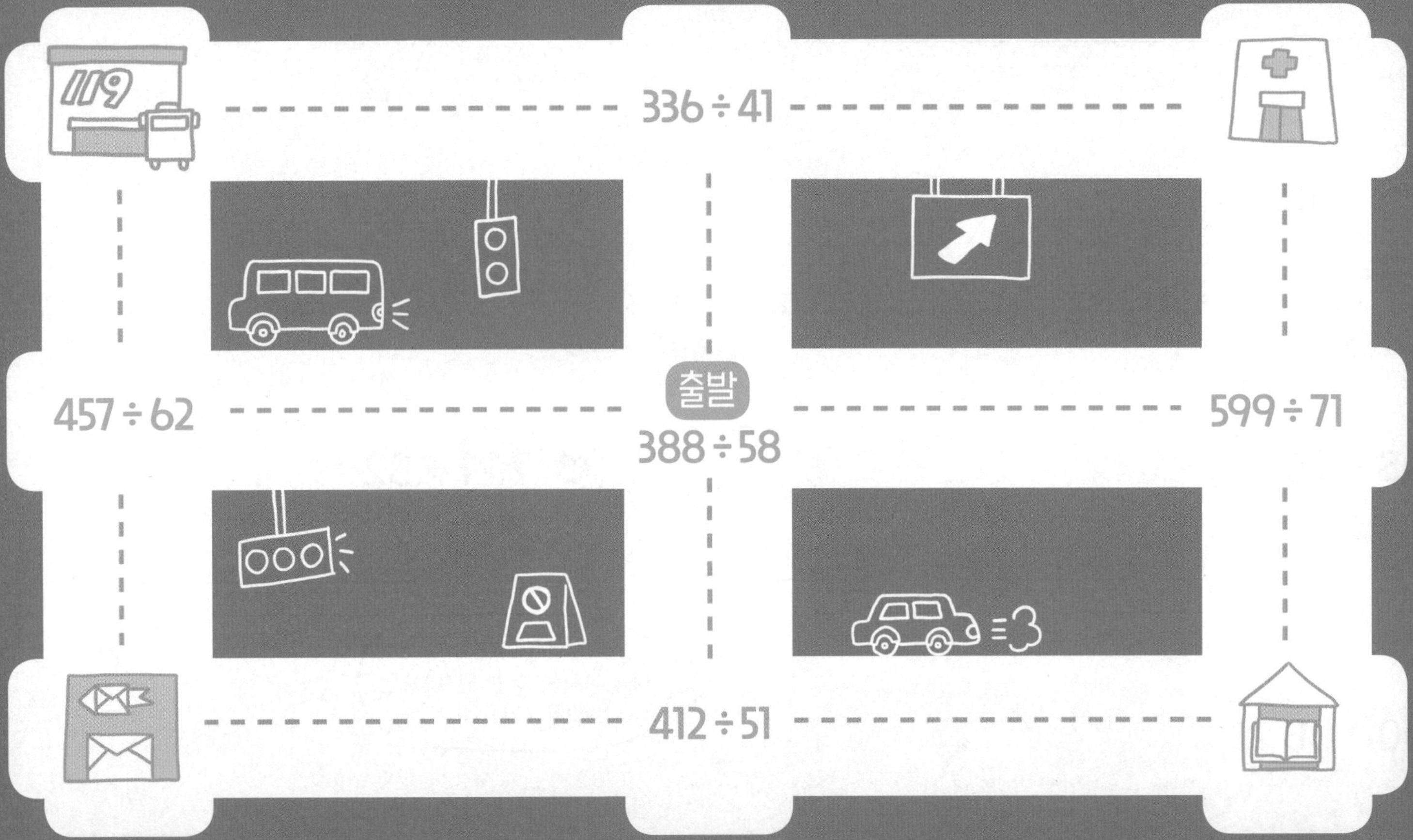

09

몫이 두 자리 수인 (세 자리 수)÷(두 자리 수)

이번에는 무엇을 배울까?

몫이 한 자리 수인 (세 자리 수)÷(두 자리 수)

몫이 두 자리 수인 (세 자리 수)÷(두 자리 수)

대분수를 가분수로, 가분수를 대분수로 나타내기

이렇게 지도해요!

스스로 계획을 세워요!

❶ 먼저 설명해 주세요.

그림과 말로 풀어낸 몫이 두 자리 수인 (세 자리 수)÷(두 자리 수) 내용을 아이와 함께 따라 읽어 보면서, 어떤 경우에 몫이 두 자리 수가 되는지를 확인합니다.

❷ 수를 이해하며 계산해요.

설명과 이어지는 그림을 이용하여 Day42에서 재미있게 문제를 풉니다.

❸ 충분히 연습해요.

Day43 ~ Day48의 문제 풀이를 통해 수를 이해하는 힘을 기르고, 자연수의 나눗셈을 충분히 다뤄 보면서 나눗셈의 알고리즘을 완벽하게 학습합니다.

	공부할 날짜	목표 시간	복습할 날짜
Day 42/48	월 / 일	분 / 14개	월 / 일
Day 43/48	월 / 일	분 / 16개	월 / 일
Day 44/48	월 / 일	분 / 18개	월 / 일
Day 45/48	월 / 일	분 / 25개	월 / 일
Day 46/48	월 / 일	분 / 25개	월 / 일
Day 47/48	월 / 일	분 / 25개	월 / 일
Day 48/48	월 / 일	분 / 18개	월 / 일

선생님의 칠판

(세 자리 수) ÷ (두 자리 수)의 몫이 두 자리 수일 때 어떻게 구할까?

312 ÷ 28을 해 보자.
먼저 곱셈식으로
나눗셈의 몫을 찾아볼까?

$28 \times 9 = 252$

$28 \times 10 = 280$

$28 \times 11 = 308$

$28 \times 12 = 336$

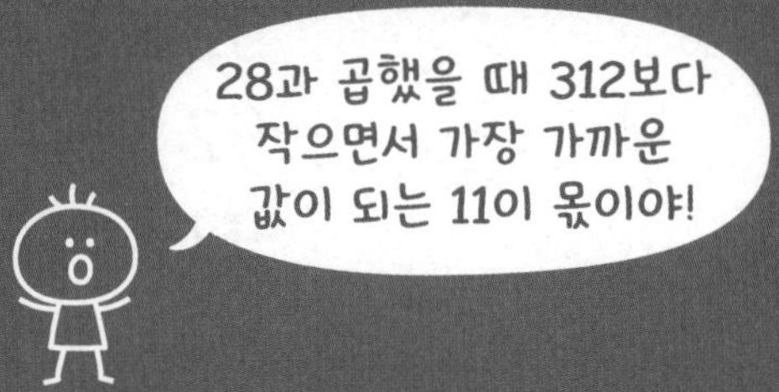

나누어지는 수의 앞의 두 자리를
먼저 나누고, 남은 수를 내려서
또 나눗셈을 하면 돼.

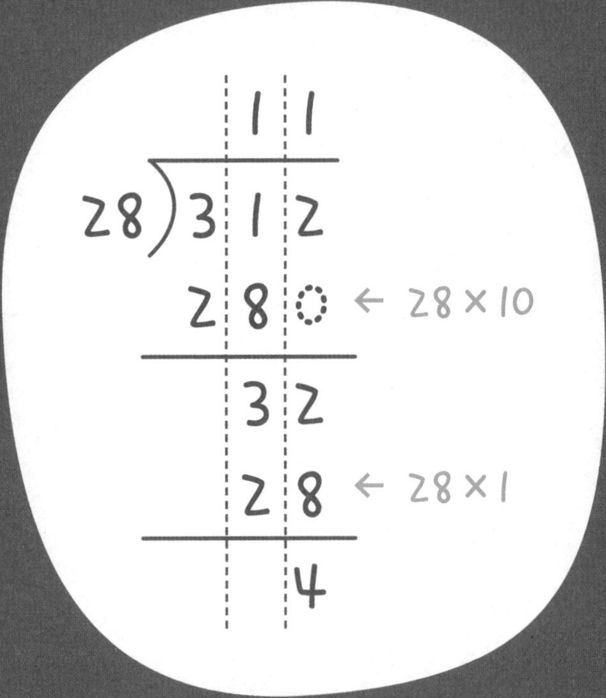

Day 42

곱셈식으로 적절한 몫을 찾아 나눗셈을 해 보자.

❶ 312 ÷ 27 =

27 × 9 = 243
27 × 10 = 270
27 × 11 = 297
27 × 12 = 324

나누는 수에 두 자리 수를 곱했다는 것은 몫이 두 자리 수라는 얘기야.

나머지는? 312-297을 계산하면 구할 수 있지.

❷ 350 ÷ 34 =

34 × 9 = 306
34 × 10 = 340
34 × 11 = 374
34 × 12 = 408

❸ 484 ÷ 41 =

41 × 10 = 410
41 × 11 = 451
41 × 12 = 492
41 × 13 = 533

❹ 613 ÷ 59 =

59 × 8 = 472
59 × 9 = 531
59 × 10 = 590
59 × 11 = 649

❺ 831 ÷ 73 =

73 × 9 = 657
73 × 10 = 730
73 × 11 = 803
73 × 12 = 876

❻ 857 ÷ 65 =

65 × 12 = 780
65 × 13 = 845
65 × 14 = 910
65 × 15 = 975

❼ 764 ÷ 47 =

47 × 14 = 658
47 × 15 = 705
47 × 16 = 752
47 × 17 = 799

❽ 952 ÷ 92 =

92 × 8 = 736
92 × 9 = 828
92 × 10 = 920
92 × 11 = 1012

세로 셈으로 할 때는 나누어지는 수의 높은 자릿수부터 나누는 거야.

```
      2 1
34) 7 4 1
    6 8
      6 1
      3 4
      2 7
```

❶ 나누어지는 수의 앞의 두 자리를 먼저 나누고

❷ 남은 수를 내려서 또 나누면 돼.

⑨
```
     □ □
12) 5 2 4
    □ □
      4 4
      □ □
        □
```

⑩
```
     □ □
45) 9 9 7
    □ □
      9 7
      □ □
        □
```

⑪
```
     □ □
58) 7 5 9
    □ □
    1 7 9
    □ □ □
        □
```

⑫
```
     □ □
22) 7 8 9
    □ □
    1 2 9
    □ □ □
      □ □
```

⑬
```
     □ □
38) 8 7 6
    □ □
    1 1 6
    □ □ □
        □
```

⑭
```
     □ □
63) 8 9 8
    □ □
    2 6 8
    □ □ □
      □ □
```


공부 끝!

맞힌 개수 /14개

부모님 확인

오늘의 숫자 **91**에 색칠하세요.

Day 43

나누어지는 수의 앞의 두 자리와 나누는 수를 먼저 비교해야 해.

50 < 65이니까
먼저 65÷50을 계산해
몫의 십의 자리 숫자를 구해.

			1	
5	0)	6	5	4
		5	0	
		1	5	

↓

그리고 4를 내려서 나눗셈을 하면 돼.

			1	3
5	0)	6	5	4
		5	0	
		1	5	4
		1	5	0
				4

❶ $1158 \div 13$ (13)158

❷ $286 \div 23$ (23)286

❸ $420 \div 15$ (15)420

❹ $543 \div 37$ (37)543

❺ $613 \div 39$ (39)613

❻ $759 \div 29$ (29)759

❼ $827 \div 36$ (36)827

❽ $861 \div 21$ (21)861

❾ $938 \div 11$ (11)938

⑩ $292 \div 12 =$

⑪ $419 \div 38 =$

⑫ $357 \div 25 =$

⑬ $484 \div 43 =$

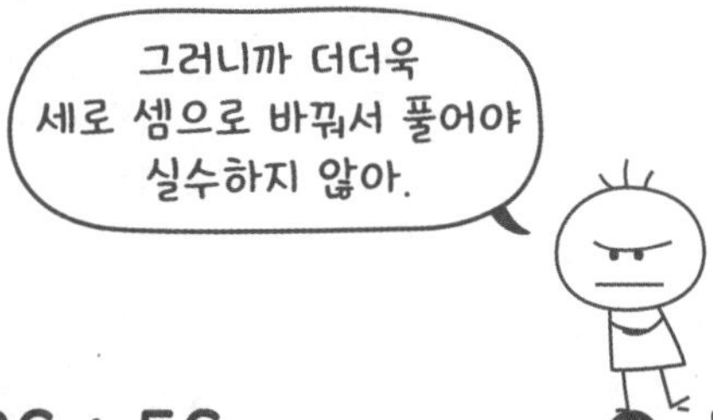

⑭ $653 \div 54 =$

⑮ $786 \div 56 =$

⑯ $561 \div 26 =$

공부 끝!

맞힌 개수 /16개

부모님 확인

오늘의 숫자 **93**에 색칠하세요.

Day 44

나누어지는 수의 앞의 두 자리가 나누는 수보다 크거나 같으면 몫은 두 자리 수가 돼.

14<19 이니까 19÷14를 할 수 있어.

❶ 14)197

❷ 24)269

❸ 27)315

❹ 26)435

❺ 34)537

❻ 46)568

❼ 37)637

❽ 28)660

❾ 18)702

❿ 72)818

⓫ 69)956

⑫ 381 ÷ 21 =

⑬ 404 ÷ 33 =

⑭ 225 ÷ 18 =

⑮ 581 ÷ 43 =

⑯ 741 ÷ 49 =

⑰ 684 ÷ 52 =

⑱ 925 ÷ 32 =

공부 끝!

맞힌 개수

/18개

부모님 확인

Day 45

몫의 십의 자리 수를 구하고 남은 수가 나누는 수보다 작으면 몫의 일의 자리에 0을 써.

❶ $21\overline{)214}$

❷ $31\overline{)329}$

❸ $11\overline{)201}$

❹ $42\overline{)499}$

❺ $33\overline{)673}$

❻ $19\overline{)452}$

❼ $44\overline{)895}$

❽ $14\overline{)293}$

❾ $56\overline{)845}$

❿ $48\overline{)596}$

⓫ $23\overline{)711}$

⑫ $157 \div 15$

⑬ $269 \div 13$

⑭ $303 \div 16$

⑮ $519 \div 27$

⑯ $429 \div 14$

⑰ $273 \div 25$

⑱ $354 \div 29$

⑲ $564 \div 35$

⑳ $679 \div 22$

㉑ $646 \div 47$

㉒ $751 \div 69$

㉓ $973 \div 74$

㉔ $736 \div 18$

㉕ $894 \div 45$

공부 끝!

맞힌 개수

/25개

부모님 확인

오늘의 숫자 **60**에 색칠하세요.

Day 46

나머지는 나누는 수보다 항상 작다는 사실을 잊지 마.

❶ $18\overline{)228}$

❷ $22\overline{)646}$

❸ $13\overline{)402}$

❹ $16\overline{)331}$

❺ $32\overline{)608}$

❻ $43\overline{)768}$

❼ $23\overline{)525}$

❽ $34\overline{)727}$

❾ $35\overline{)806}$

❿ $46\overline{)921}$

⓫ $53\overline{)964}$

⑫ 251 ÷ 19

⑬ 341 ÷ 24

⑭ 164 ÷ 13

⑮ 432 ÷ 16

⑯ 636 ÷ 25

⑰ 531 ÷ 33

⑱ 579 ÷ 45

⑲ 710 ÷ 54

⑳ 478 ÷ 41

㉑ 992 ÷ 81

㉒ 446 ÷ 37

㉓ 895 ÷ 29

㉔ 672 ÷ 64

㉕ 752 ÷ 39

공부 끝!

맞힌 개수 /25개

부모님 확인

오늘의 숫자 **59**에 색칠하세요.

Day 47

계산이 복잡할수록
자릿수를 더더욱
잘 확인해야 해.

몫을 쓸 때도
자릿수 확인!

❶ $12\overline{)146}$

❷ $24\overline{)312}$

❸ $48\overline{)657}$

❹ $38\overline{)813}$

❺ $27\overline{)741}$

❻ $57\overline{)615}$

❼ $39\overline{)490}$

❽ $14\overline{)359}$

❾ $21\overline{)844}$

❿ $79\overline{)948}$

⓫ $61\overline{)784}$

⑫ $345 \div 19$

⑬ $417 \div 22$

⑭ $547 \div 49$

⑮ $182 \div 16$

⑯ $504 \div 36$

⑰ $383 \div 33$

⑱ $661 \div 29$

⑲ $912 \div 24$

⑳ $682 \div 35$

㉑ $958 \div 66$

㉒ $457 \div 31$

㉓ $598 \div 13$

㉔ $828 \div 68$

㉕ $727 \div 46$

공부 끝!

맞힌 개수

/25개

부모님 확인

오늘의 숫자 **41**에 색칠하세요.

Day 48

(나누는 수)×(몫)의 값에 나머지를 더해 보면
몫과 나머지를 잘 구했는지 알 수 있어.

❶ 194 ÷ 17 =

확인

❷ 308 ÷ 13 =

확인

❸ 563 ÷ 18 =

확인

❹ 614 ÷ 41 =

확인

❺ 465 ÷ 23 =

확인

❻ 770 ÷ 55 =

확인

❼ 832 ÷ 62 =

확인

❽ 781 ÷ 25 =

확인

❾ 924 ÷ 34 =

확인

⑩ 265 ÷ 21 =

확인

⑪ 428 ÷ 32 =

확인

⑫ 386 ÷ 15 =

확인

⑬ 240 ÷ 16 =

확인

⑭ 798 ÷ 44 =

확인

⑮ 544 ÷ 24 =

확인

⑯ 639 ÷ 34 =

확인

⑰ 910 ÷ 17 =

확인

⑱ 816 ÷ 37 =

확인

공부 끝!

맞힌 개수 /18개

부모님 확인

오늘의 숫자 **37**에 색칠하세요.

연산 놀이터

어떤 외계인을 연구한 걸까?
외계인 연구 보고서를 읽고 해당하는 외계인을 색칠해 줘.

부모님 확인

[외계인 연구보고서]

- 눈은 350 ÷ 31의 몫에서 10을 뺀 수만큼 있어.
- 다리는 745 ÷ 57의 나머지만큼 있어.
- 더듬이는 464 ÷ 42의 나머지만큼 있어.

연산

범위 1단계 ~ 3단계

실력 점검하기

맞힌 개수: /48 걸린 시간: /분

01 $\begin{array}{r} 300 \\ \times \quad 80 \\ \hline \end{array}$

02 $\begin{array}{r} 40 \\ \times \quad 400 \\ \hline \end{array}$

03 $\begin{array}{r} 700 \\ \times \quad 70 \\ \hline \end{array}$

04 $\begin{array}{r} 30 \\ \times \quad 500 \\ \hline \end{array}$

05 $\begin{array}{r} 200 \\ \times \quad 50 \\ \hline \end{array}$

06 $\begin{array}{r} 20 \\ \times \quad 600 \\ \hline \end{array}$

07 $\begin{array}{r} 800 \\ \times \quad 40 \\ \hline \end{array}$

08 $\begin{array}{r} 50 \\ \times \quad 900 \\ \hline \end{array}$

09 400 × 20

10 600 × 60

11 30 × 900

12 90 × 700

13 $\begin{array}{r} 254 \\ \times \quad 40 \\ \hline \end{array}$

14 $\begin{array}{r} 517 \\ \times \quad 60 \\ \hline \end{array}$

15 $\begin{array}{r} 378 \\ \times \quad 90 \\ \hline \end{array}$

16 $\begin{array}{r} 162 \\ \times \quad 80 \\ \hline \end{array}$

17 $\begin{array}{r} 641 \\ \times \quad 30 \\ \hline \end{array}$

18 $\begin{array}{r} 453 \\ \times \quad 70 \\ \hline \end{array}$

19 $\begin{array}{r} 937 \\ \times \quad 60 \\ \hline \end{array}$

20 $\begin{array}{r} 289 \\ \times \quad 90 \\ \hline \end{array}$

21 728 × 50

22 176 × 20

23 527 × 80

24 865 × 70

25 288×32

26 388×22

27 824×63

28 428×36

29 475×91

30 491×75

31 561×27

32 916×78

33 619×87

34 403×35

35 193×67

36 324×57

37 909×11

38 109×91

39 627×54

40 742×34

41 657×24

42 443×72

43 451×36

44 757×14

45 806×17

46 277×72

47 238×85

48 359×49

연산

범위 4단계 ~ 9단계

실력 점검하기

맞힌 개수: /43 걸린 시간: 분

01 $20\overline{)140}$

02 $90\overline{)720}$

03 $70\overline{)350}$

04 $30\overline{)180}$

05 360 ÷ 90

06 480 ÷ 60

07 560 ÷ 80

08 $40\overline{)81}$

09 $70\overline{)95}$

10 $50\overline{)99}$

11 $20\overline{)74}$

12 92 ÷ 40

13 77 ÷ 30

14 87 ÷ 50

15 $60\overline{)394}$

16 $50\overline{)189}$

17 $80\overline{)573}$

18 $70\overline{)497}$

19 363 ÷ 90

20 417 ÷ 80

21 576 ÷ 60

22 625 ÷ 80

23 $18\overline{)61}$

24 $16\overline{)87}$

25 $24\overline{)45}$

26 $35\overline{)79}$

27 $65 \div 25$

28 $94 \div 26$

29 $65\overline{)535}$

30 $81\overline{)396}$

31 $68\overline{)473}$

32 $73\overline{)511}$

33 $217 \div 29$

34 $342 \div 38$

35 $24\overline{)845}$

36 $37\overline{)704}$

37 $38\overline{)964}$

38 $49\overline{)651}$

39 $882 \div 55$

40 $900 \div 34$

41 $84 \div 30$

확인 ______________________

42 $450 \div 17$

확인 ______________________

43 $532 \div 76$

확인 ______________________

연산 실력 점검하기

범위 1단계 ~ 9단계

맞힌 개수: /44 걸린 시간: 분

01 $\begin{array}{r} 400 \\ \times \quad 90 \\ \hline \end{array}$

02 $\begin{array}{r} 917 \\ \times \quad 40 \\ \hline \end{array}$

03 $\begin{array}{r} 533 \\ \times \quad 80 \\ \hline \end{array}$

04 $\begin{array}{r} 50 \\ \times \quad 800 \\ \hline \end{array}$

05 $\begin{array}{r} 142 \\ \times \quad 28 \\ \hline \end{array}$

06 $\begin{array}{r} 935 \\ \times \quad 34 \\ \hline \end{array}$

07 267×45

08 446×20

09 60×500

10 619×72

11 751×30

12 $50 \overline{)370}$

13 $90 \overline{)540}$

14 $30 \overline{)49}$

15 $41 \overline{)97}$

16 $70 \overline{)248}$

17 $80 \overline{)472}$

18 $73 \div 20$

19 $630 \div 70$

20 $310 \div 40$

21 $415 \div 50$

22 $705 \div 80$

23 $42\overline{)104}$

24 $14\overline{)42}$

25 $16\overline{)800}$

26 $23\overline{)86}$

27 $71\overline{)731}$

28 $16\overline{)73}$

29 $37\overline{)317}$

30 $32\overline{)78}$

31 $49\overline{)255}$

32 $97\overline{)614}$

33 $25\overline{)594}$

34 $67\overline{)914}$

35 $192 \div 28$

36 $463 \div 87$

37 $64 \div 31$

38 $642 \div 23$

39 $751 \div 46$

40 $80 \div 13$

41 $901 \div 43$

42 $74 \div 15$

확인 ______

43 $562 \div 48$

확인 ______

44 $205 \div 17$

확인 ______